向上生长

——青年室内设计师要知道的事

邵许 著

江苏凤凰科学技术出版社 · 南京

图书在版编目（CIP）数据

向上生长：青年室内设计师要知道的事 / 邵许著
. —— 南京 ：江苏凤凰科学技术出版社，2023.1
ISBN 978-7-5713-3268-6

Ⅰ．①向　Ⅱ．①邵　Ⅲ．①室内装饰设计－青年读
物 Ⅳ．①TU238-49

中国版本图书馆CIP数据核字(2022)第200794号

向上生长——青年室内设计师要知道的事

著　　者	邵　许
项 目 策 划	凤凰空间 / 刘立颖
责 任 编 辑	赵　研　刘屹立
特 约 编 辑	刘立颖

出 版 发 行	江苏凤凰科学技术出版社
出版社地址	南京市湖南路1号A楼，邮编：210009
出版社网址	http://www.pspress.cn
总 经 销	天津凤凰空间文化传媒有限公司
总经销网址	http://www.ifengspace.cn
印　　刷	河北京平诚乾印刷有限公司

开　　本	710 mm×1000 mm　1 / 16
印　　张	9.5
字　　数	212 800
版　　次	2023年1月第1版
印　　次	2023年1月第1次印刷

标 准 书 号	ISBN　978-7-5713-3268-6
定　　价	49.80元

图书如有印装质量问题，可随时向销售部调换（电话：022-87893668）。

前言

互联网时代，自媒体蓬勃发展。一个很偶然的机会，我被问答类网站吸引，但对其中关于室内设计职业前景的一些回答，心中不太认同。有些回答带有对家装设计师的刻板印象，容易对新入行的设计师产生误导。于是，我写了几篇文章进行反驳，得到了很多设计师的认同，也帮助到了一部分设计师。

有些室内设计相关专业的学生也经常向我表示他们对设计行业感到很迷茫。我在帮人解惑的同时，自己也在不断地总结输出。

不曾想这些留在网络上的小心得，引起了编辑的关注，邀请我这个室内设计行业的"老炮儿"给新手设计师一些建议，我既感到欣喜，也倍感压力。

国内的室内设计行业发展不过 30 年左右，市面上关于描述国内住宅设计现状的书籍还比较少。大批同仁虽有经验却很少有人将其转化成系统的书面文字，导致无法精准传授。很多新手设计师上完"大师"的课程之后，对设计的理解仍是云里雾里。由于很多在校教授室内设计课程的老师并未在成规模的公司供职过，所以没办法将一些行业设计理念传授给学生。这样就导致很多学生在毕业踏入工作岗位后，专业技能提高缓慢。我最初在设计工作中也走了很多弯路，四处寻找名师，好在我一直有阅读的习惯，几年下来也有目的地阅读了很多书籍，后来才慢慢地对室内设计有了自己的思考，把这种学习、实践的经历分享给新入行的设计师也是我写这本书的目的之一。

室内设计师的成长之路单靠提高专业知识储备量是远远不够的，认知思维的提升也十分关键。社会学、心理学、经济学、历史学等学科都能给设计带来帮助。这就像造房子，你手中的一砖一瓦就是这些知识。

从大环境来讲，最近几年室内设计行业在飞速发展，住宅室内设计也越来越受重视。随着社会观念的更新以及读图时代的兴盛，大量优秀作品进入大众视野。住宅业主的审美水平也得到了大幅提高。只有做出好的作品才能得到更多关注，好的作品还会通过各类媒体平台被快速传播，设计的价值也会被社会广泛认可。

希望每一个即将进入设计行业的人，读完这本书之后，都可以在未来感受到这份工作带给自己的幸福，也希望这本书能带给迷茫的设计师温暖与方向。

这不是一本读了之后就能飞速提升设计水平的书。因为设计水平的提高涉及方方面面，审美和实践缺一不可，这需要长期的积累。我想通过这本书跟青年设计师聊一聊这些年我对室内设计领域的认知。

在这个看"颜值"的时代，大量的书籍和视频教授给室内设计师的都是如何做好装饰、比例等提升设计美感的技巧。而介绍关于室内设计认知的书籍很少，而这其中有些书籍是大篇幅罗列晦涩难懂的理论知识，根本不适合新手设计师。

这本书是我对十多年实践工作经验的总结，全书分成了三个部分。

第一部分，懵懂。当年我刚入行的时候，在设计的道路上走了不少弯路。因此我非常理解设计新人的一些困惑，比如是否适合跨行业，行业门槛的高低，如何看待收入差距等。针对这些问题，我会在第一部分为大家尽可能做详细剖析，教大家如何正确地看待自己的现状、看待整个行业，避免被网络上繁杂的行业信息误导。

第二部分，出发。这一部分主要探讨如何提高新手设计师知识水平的问题。学习是一个长期的过程。许多从国外引进的室内设计类书籍，特别是日本的设计类书籍，存在与国内行业现状不符的情况。而各种线下培训，大部分都是行业前辈们理念的输送，关于如何通过深度学习提高知识水平，并没有形成系统的总结，这种碎片化的知识吸收起来很困难。在这一部分，我通过系统化的通俗易懂的内容将自己的实践经验分享给大家，希望对新手设计师有些启发。

第三部分，进阶。这部分我提出了方法论和设计体系等问题。方法论可以让一个人用正确的方法朝正确的方向努力。这些方法论是我个人在工作践行中的一些实际成果，并在工作中得到了很好的反馈。这不是一碗"鸡汤"，而是一块"玄铁"，希望和你的"兵器"融合之后打造出称手的"兵器"，伴你勇闯设计江湖。

邵许

目录

第一部分　懵懂

第二部分　出发

第三部分　进阶

第一部分

懵懂

和你一样，
我也不喜欢"装修"

> 空间基本上是由一个物体同感受它的人之间产生的相互关系所形成的。
>
> ——芦原义信

2000 年，互联网大潮方兴未艾，国内设计行业刚刚起步。很难想象，当时一个美术生，毕业之后除了画画谋生，还能有什么前途。我懵懵懂懂地进入大学校园，误打误撞学了环境艺术设计。几年下来，我对设计有了一些初步的认识。

环境艺术设计专业是一个融合了园林、景观、室内、展览、家具、摄影等诸多专业的学科，室内装修也正是其中的一个。以前总觉得装修是一个初级的行业，心中对其存有一丝的轻蔑。很多进了家装公司实习的师兄也对装修设计充满了偏见，经常抱怨："看上去一点也不高端大气，说好的设计呢？怎么都去搞装修了？没有 艺术创作、思想独立，装修有什么设计含量？"

室内设计仅仅是装修这么简单吗？

不！室内设计是解决问题。

设计，简单来讲就是有取舍且有计划地解决问题。

设计作为一门独立学科其历史也不过百年，现代室内设计则更加"年轻"。室内设计师的工作核心是满足使用者的诉求，改善他们的生活环境。具体操作还要因地制宜，结合甲方的需求、预算以及工艺，通过对比例、材质、灯光、色彩等设计元素的灵活运用，以及对各类工作人员进行数月的统筹安排，将设计最终变为现实。

方案设计能够给人们装修提供解决问题的"建议"。怎么来理解"建议"？举个例子，如果你得了感冒，去看中医，中医会通过观察、听声、询问、号脉等了解你的病情，进而开出几副中药。如果去看西医，大概率会先让你去化验，再根据化验结果提出治疗方案。这里没有孰高孰低的问题，只是两位医生提供了两种解决方案，作为病人不过是选择了一种自己更加认同的方案。

同理，有的设计你觉得不是很美观，却得到了客户的认可，而有的设计做得很漂亮却不被客户接受。方案只是设计师提出的解决问题的建议。如果你问美国苹果公司创始人乔布斯什么是美，他会说"少即是多"；如果你回到文艺复兴时期问画家达·芬奇这个问题，他一定告诉你"古典是美"。使用者的文化背景、生活经历不同，选择必然也不尽相同。

从装修思维到设计思维

20世纪90年代，国内的豪华五星级酒店，绝大部分是清一色的黄桦木、半高护墙、金黄色的凹凸不平的欧式壁纸，这就是典型的装修思维。华裔建筑师贝聿铭先生设计美秀美术馆时，为了保护周边环境，将整个建筑藏于地下，并且制造了一条只能步行通过的隧道，并在尽头设计了一个小小的圆洞，给人以曲径通幽的感觉，然后穿过一座桥，在树木葱葱的尽头，豁然开朗。行走之中，仿佛来到了陶渊明的诗词所描述的"世外桃源"，亦步亦趋，恍如梦幻，直到美术馆矗立在面前，顿觉造物之美。贝聿铭先生用中国文人的想象力，造出了一个充满故事的建筑，这就是典型的设计思维。

室内设计不是艺术创造。在大学的时候，我们总认为学画画就是搞艺术，就可以与众不同，留长发、穿个性的衣服，有一种骨子里的优越感。当听到别人称赞自己是"搞艺术的"的时候，心中满是欣喜。如果以这种心态来做设计的话，你的设计极有可能"走火入魔"。室内设计工作和艺术创作是有本质区别的。现代主义艺术本质在于个人解放、表现自我、不屈从于他人，将自己最有价值的东西展现出来。而室内设计是一种商业行为，是一个理性地满足甲方需求的过程，具有明确的服务主体，并需遵循一定的行业规范。如果客户是一位喜欢红木家具的 60 岁大爷，你非在他的认知之外将空间设计成黑白灰风格的，那么最终的交付只可能变成一场批判大会。

在设计中一定要分清楚什么是"任性"，什么是"坚持"。现代绘画艺术是从表达自我出发的，是一种自我的"任性"。而"坚持"是将一些普世的、正确的观点传达给对方，至于对方是否接受、接受多少，对此设计师需要具备一定的心理承受能力。 设计要站在对方的角度考虑问题，如果非要醉心于"艺 术"，那么很可能会让自己的设计走入一条死胡同。

很多设计师盲目信奉德国建筑大师密斯·凡·德·罗提出的"少即是多"的设计理念，对"复杂"的设计避之唯恐不及，错误地认为复杂的设计就是失败的设计。美国心理学家唐纳德·诺曼在其《设计心理学》一书中说："复杂是世界的一部分，但它不该令人困惑……好的设计能够帮助我们驯服复杂，不是让事物变得简单（如果复杂是符合需求的）， 而是去管理复杂。"虽然很多人力求极简，但是追求过程是"复杂"的。大量的信息都是隐蔽的，我们需要挖掘问题的本源，而这需要从业人员具备敏锐的观察力。

喜欢才会走得更远

在工作的最初几年，我对住宅室内设计和装修工作都有一种轻视感，在接了几个项目之后，我开始思考住宅室内设计的意义，同时思考设计、人和社会的关系。随着工作的不断深入，我逐渐感受到设计的价值，而初入职场时的那种不舒服和纠结，也随着项目的推动不断地被消解。

法国作家莫泊桑说过："生活不可能像你想象得那么好，但也不会像你想象得那么糟。"对于自身职业价值的建立，让我对所从事行业的态度从漠然变得充满热情。当你开始关注每一位业主的故事时，室内设计就不再是几个工序的堆叠，这些囊括美感、比例、尺度、功能，富有创造性的工作变得十分有趣。得到甲方称赞之时，心中总会有满满的成就感。心理学把这种感觉叫作"心流"，这种不断获得的满足感，会让你不断地成长。

室内设计这一行
赚钱吗

当人们被金钱奖赏控制时，便会失去与内在自我的联系。

——理查德·弗拉斯特

设计师靠什么赚钱

不同的行业，赚钱的速度多少会有所区别。那么作为"打工人"的你靠什么赚钱？

打工人赚钱的本质是出售时间。

很多新人在刚入职时经常觉得工作辛苦，认为这些事都是公司安排的，遇到简单问题尽心尽责；遇到和自己收入不匹配的复杂工作时就敷衍了事。时间长了不仅浪费时间，口碑也没有积攒下来。

单独售卖一份时间和同一份时间卖出多次是赚钱的两种方式。

演员、医生、律师、心理咨询师以及设计师等技术类岗位，核心都是售卖自己的独立时间，一个人的精力有限，同一段时间只能售卖一次。

作家、产品设计师等职业可以把自己的劳动成果，通过复制的形式卖出多份。某位知名歌手在音乐播放器上架的音乐，虽然每一首歌只有几块钱，但预售上线仅 7 分钟，平台销售额就已突破 500 万元，上线两个多小时新单曲销售额就突破 1000 万元。

作为设计师，多赚钱的要点便是想办法提高单位时间的售价。

很多青年设计师表示，刚入行设计费比较低，想要提高收入，最简单的方法就是压缩单个项目的制作周期。别人一个月做一个项目，你就提高效率，把工期压缩到 20 天。更多的项目积累还可以提高你的设计水平，让你更快成长。

投资自己，让自己不断成长，通过提高单位时间的价值来最终实现设计师高收入的目标。

设计师的收入如何？怎样才能实现财富自由

据新浪家居联合艾佳生活共同发起的《2019 年中国室内设计师生存状况调查报告》显示，接单量直接影响设计师的收入。调查数据显示，年收入 10 万元以下的设计师占到 33.40%，47.77% 的设计师年收入为 10 万～ 50 万元，还有 11.84% 的设计师年收入在 50 万～ 100 万元，而年收入在 100 万元以上的设计师占到 6.99%。经济学里有一个著名的定律，叫"二八定律"，即 20% 的公司赚取了 80% 的收益，这和调查数据中不到 20% 的设计师年收入在 50 万元以上吻合。由此可见，室内设计并不算是高薪职业，对于大部分青年设计师而言，目前的收入还仅仅停留在温饱阶段。

按照这个比例来计算，设计行业只能算是一个正常收入群体。如果设计师想靠工资实现"财富自由",还是有段距离的。

梁志天设计集团有限公司作为上市公司,其整体的收入相当可观。不过单独的设计型公司总收入很难和综合类企业相比。以苏州金螳螂建筑装饰股份有限公司来说,其体量可以说是目前全行业的老大,但其大部分收入靠的是整个项目,而不仅仅是设计收费。所以,如果是独立创业,那么要想扩大收入要做整个环节。

提高个人设计价值

提高收入是一个很宽泛的话题,我觉得对于新人来说,还是要先厘清如何提高个人的设计价值。

美国投资家巴菲特和微软公司创始人比尔·盖茨第一次见面时,就被盖茨的父亲问了这样一个问题:"你们觉得人一生中最重要的是什么?"盖茨答道:"专注。"巴菲特微微一笑:"我的答案和比尔一样。"

对于设计师来说,专注可能是你职业生涯中最好的心法,把时间放在你的综合水平提升上。工作中,抛开那些无效的社交,很多优秀的设计前辈都得益于社交控制得当。一些设计师在入行后会经常和圈里的供应商伙伴们打交道,参加各种论坛、商业活动。工作之余,大家举杯畅谈,在杯盏交错中感受快意人生。其实朋友之间交流工作,然后顺便吃个饭也没什么,但是如果把自己的大部分时间都放在此事上,长久下来,除了肚子见长,剩下的什么也没学到。

专业水平的提高是一个相当漫长的过程。一名优秀的设计师在实际的设计工作中，需要经历许多项目的历练之后，或在某个时间节点遇到一个或者多个关键项目才会蜕变。而我们要做的就是在这一刻到来之前，做好一切准备。

成长曲线

杰出设计师的成长曲线会在曲线的一个临界点之后突然开始上扬，并且以指数级的速度不断提高，这条曲线叫幂律曲线。

一名设计师默默无闻地耕耘了很多年，偶然遇到了一位有涵养、审美品位高的甲方，结果完成了一个非常成功的项目。随后，更多的甲方慕名而来，带来了更多的项目。所有的事情最难的是从 0 到 1，懂得了这些道理，你就要开始思考如何通过学习和实践来提高自己。随着工作时间和阅历的增长，你会成长为一名有吸引力的设计师，收入自然也会有相应的增长。

家装设计是否
存在局限性

人是家的主人，

在自然中静下心来，

回归自然。

回归自然的同时，

全方位地敞开心扉。

家是向蓝天、白云敞开的，

或者是向满天星云敞开的带屋顶的建筑。

——勒·柯布西耶

在讨论"家装"这个问题之前，咱们先思考另一个问题：设计有局限性吗？平面设计、传媒设计、动画设计、舞台设计、景观设计等行业都有一个明确的甲方。很多人觉得从事平面设计自由，他们只要考虑配色、构图的元素就好。实际却不然，在商业规则之下，设计一定存在限制，虽然仅仅是几张图片，但需求方会有明确的用途以及成本要求。如果无法达到甲方的要求，最终将无法定稿。从这个角度考虑，设计不存在"自由"。

文艺复兴"美术三杰"之一列奥纳多·达·芬奇是一个"跨界的创新天才"，他创作出无数艺术作品。后人总是羡慕他一生无拘无束的生活状态。但是在当时，画家类似于今天的"摄影师"，受雇于委托人，绘画内容都有明确的主题限定。如果达·芬奇画得过于"离谱"，雇主可以直接提出质疑拒绝付费。在当时的那个时代，就算是艺术大师的绘画，只要有委托人存在，就一定会有某些条件的限定。家装设计更是如此，那么我们该如何看待这些问题呢？

商业空间设计比住宅空间自由吗

可能有人会觉得商业空间对设计没有限制，可以天马行空，怎么酷炫怎么来。其实事实并非如此，做好商业空间的首要任务便是熟悉规范，项目不同，要求也不同。细则章程太多，设计师需要花时间记忆了解。最令人头疼的是规范隔两年就会更新，很多商业空间设计师因为没有及时了解规范，在这上面吃了不少苦头。比如餐饮空间，就有很多要求。一个几千平方米的项目，光消防类规范就足以让主案设计师"头疼"。商铺的公共设施，如风井、消防梯、电梯等都会占去很多空间。墙面材料的防火等级不同空间也有相应的明确规定，医疗类或者政府类项目都有定向的材料或者颜色要求。一些商场内的商铺甚至都有指定的施工单位。

常见的标准及规范有《建筑照明设计标准》《民用建筑设计通则》《建筑内部装修设计规范》《无障碍设计规范》《建筑设计防火规范》《高层民用建筑设计防火规范》《建筑装饰装修工程质量验收规范》等。

商业空间设计在室内装饰和建筑结构上的自由度确实大于家装设计，但是也是有限定条件的，由此可见，追寻自由对于室内设计师来说似乎是"遥不可及"的奢望。

家装设计的局限

家装设计主要受三个方面的限制：审美局限、预算局限、技术局限。

审美局限

每一个人对美的理解和认识不同。客户喜欢的，设计师未必喜欢。在方案设计中既要尊重对方的需要，也要在此基础上，将更好的东西带给对方。如果对方始终无法接受，在不影响正常使用的情况下，还是要尊重对方的意见。处理好审美局限是设计师的必修课。

业主的审美水平是令新手设计师特别头疼的地方。如果客户的审美水平不高，该怎么办？可能你想尽了各种办法都没法说服对方。审美是主观的，每一个人都有自己的成长背景、文化习惯，各类成长信息的累加，最终形成了每一个人独有的对美的认知。电影《唐伯虎点秋香》中有这样一个桥段："四大才子"在大街上乞讨，遇到华府的人去庙里烧香。听说秋香非常美，但是见到她回眸一笑后，唐伯虎失望地说："这个很普通，没什么嘛。"徐祯卿说："伯虎兄，美女当然要有衬托才能显出一身娇媚。"于是一群侍女回眸，众人惊呼秋香果然是美若天仙。

美是相对的，世界上没有统一的界定标准。设计师认为的美就真的是美吗？只能说我们的审美比较符合当下短暂的趋势。对于审美的理解最好的办法就是放下你的偏见，在甲方既定的范围内，做更符合当下潮流的设计。从认知上来说，要建立一种审美上的"灰度空间"。你的设计方案要既能满足甲方的需求，又有适当的坚持，让自己的设计想法更好地实现。做好设计的引导与折中，而不是追求一个非黑即白的标准。

预算局限

似乎没有不超预算的项目，不是材质太贵，就是工费太高，要不就是业主看上了更好的家具。较低的预算并非不能做出好的设计，低价设计的难点在于寻找合适的材料，这非常考验设计师的想象力，以及对一些非必要设计的取舍。不过有时候有限的预算反而可以催生出一些特别的方案，发现一些新型材料。比如日本建筑大师坂茂所用的纸，就是一种环保可重复使用的建筑材料。

1994 年卢旺达军事冲突导致 200 万人无家可归。当时联合国为难民提供的临时帐篷异常简陋，无法遮风避雨，于是难民砍伐大量树木搭建临时居所。为了防止森林被破坏，联合国决定用铝管代替。但由于当地金属价值高，难民又将铝管拆除后卖掉，继续砍树来建造居所。坂茂向联合国提出用纸管造临时居所的想法被接受，结果证明纸管的耐用性、防潮和防白蚁性能都非常优秀，还大大降低了帐篷的成本。

这就是一个典型的受预算局限而产生创新想法的案例。如果不是极端价格的要求，在相同预算下，很难有与众不同的解决办法。有了价格的底线，人们反而会更加挖空心思来实现目标。

技术局限

家装设计的实现是工人师傅手工作业的结果。凡是手工制造，在精准度上必定有所欠缺。在家装设计中，因为施工难度大，导致无法落地的情况也非常多。其中的原因存在很多因素，比如家装公司不愿意频繁涉及复杂工艺，担心增加后期维修风险，或工人师傅对新材料不了解，无法理解设计意图，施工尺寸比例不精确，或建材方无法提供合适的产品等，这个时候，设计师只能更改物料。

其实不仅是住宅装修设计，建筑历史上意大利著名的圣母百花大教堂作为 1296 年开始建造的建筑，到 1436 年才完工，前后花了 140 年的时间。中间烂尾了很多年的主要原因是穹顶的直径太大，直到建筑师菲利普·布鲁内莱斯基的出现，他用哥特式建筑的骨拱技术加古罗马拱券的结构方式才把这个问题解决，使项目最终得以落成。

不管是哪一个时代，设计师都会面临想法超前不适宜当下施工的情况。所以如果你有一些超前设计，但施工方很难突破的话，那么就只能妥协了。

正确看待局限

虽然说众多项目是妥协的结果，但是一遇到问题就抱怨有局限性，那就是一种逃避行为了。《斯坦福大学最受欢迎的创意课》的作者蒂娜·齐莉格教授在书中专门写道："约束可以更好地催生创意。"据她讲述，索尼当年极具创新性的随身听（Walkman）的诞生，是因为索尼的老板把木头锯成了一个小块，拿到工程师面前，要求他们做一个能放进这个木块里的录音机。最终他们与做精工表的工程师合作，才有了能装进口袋、火遍大街小巷的随身听。

在蒂娜·齐莉格教授的这本书里，还提到如何通过压力和时间让创意更好地展现。其背后的原因也很容易解释，因为我们可调配的资源有限，所以在做设计的时候反而会绞尽脑汁达成目标，比如受到预算局限时，我们就会去寻找更适合的墙面装饰替代品或者想其他的办法。

在强大的压力之下，局限在人的意识里起到了正面的作用。在平常的工作中，你是否会有这样一种感受呢？刚接到案子时天天"放羊"，直到要交稿的前几晚，才开始加班加点，而某些点子就是在这个过程中突然冒出来的。虽然我们反对拖延症，但这其实是很多设计师的常态，似乎"灵感"不到最后一刻，总是出不来，压缩时间反而可以让创意反弹。

前面说到的家装设计三大局限，我认为要以平常心看待。只要从事设计工作，这些元素就会伴随始终。正确看待家装设计中的局限，接纳并积极思考，设计师要学会在有限的资源中平衡协调，而不是一直停留在原地，只有入局，才有可能将其打破。

住宅装修设计
也可以很有趣

建筑的任务就是利用天然材料，建立起某种情感联系。

——勒·柯布西耶

有趣的业主

每一栋房子都有一个值得细说的故事，喜欢收集手办的老大哥需要一大面的玩具柜，搞重金属乐队的贝斯手会在家中单独做一间琴房，爱买鞋的大男孩需要一个能展示的大鞋柜，玩游戏不能掉线的女会长会告诉你必须要有一个网速快并稳定的网络。装修设计都带有强烈的个性化需求，这是住宅室内设计一直难做的原因之一。

很多业主在一开始会表示，他要的比较简单，不用太复杂，常规设计就行。一旦到了项目落地阶段，总会出现各种状况，"风格不是自己想要的""家人不同意这样设计""夫妻意见不统一""预算要控制"……善变也是一种常态。所以，室内设计师不仅是方案制作人员，有时候还要充当心理咨询师，通过沟通说服整个家族成员。每个家庭成员的个性特点不同，这让方案充满不确定性，但也总会带来各种惊喜。在实际的家装设计工作中，很多人并不明确自己要什么，只有经历了实践活动，比如阅读大量的图片，在家居建材商店里逛上很多遍，最终才一点点地找到自己喜欢的风格，这个过程可能比设计本身有意思。其实有很多时候，业主的深层次需求是被设计师逐渐挖掘出来的。

前几年，我遇到一位年纪和我相仿的业主朋友，每次我们通电话的时候，总感觉他说话很慢，前期做方案的时候也没有很深入地了解他的职业，只知道他是在电视台做录制工作。后来我在看纪录片节目的时候，听到一个低沉而有磁性的声音，觉得很是熟悉，才知道原来他就是我之前接触的业主。由于前期对业主的需求了解得不是很透彻，在后期的设计上没能做到完美，每次想起来总觉得有些遗憾。其实每一个人的性格、谈吐都各具特色，都可以为设计师打开一扇窗户。

有趣的故事

我前几年做了一个项目，每次沟通方案后，总会和业主聊很久关于他孩子的事情。业主是一位退休老人，房子是将来给儿子结婚用的。老人心里最大的愿望就是儿子能够早日结婚，组建自己的家庭。由于儿子事业心比较重，经常出差，作为父亲，他不愿打扰孩子的发展，因而一直没能和儿子敞开心扉。我能从谈话中感觉到他的无奈和失落。房子对于长辈们来讲，不仅是一个居所，更多的是对未来儿孙满堂的美好期待。

在一档装修改造节目中，业主是一位坚强的带着身患渐冻症儿子的母亲。由于丈夫早早离世，整个家庭由她一人撑起，她拿出了仅有的积蓄委托节目组对房子进行改造。最终，一位日本建筑师本间贵史接受了这个设计项目。为了解决业主儿子行动不便的问题，他从国外找到了一套可以移动的轨道座椅，还通过安装室内电梯等方式解决了这个家庭的诸多烦恼。故事结尾，设计师还专门为这位病人找了一份合适的工作，用来增加家庭收入。看完这一期节目，作为同行的我，不仅在设计的功能性上被深深地吸引，在整个设计的落地过程中也被感动得一塌糊涂。设计师解决了困扰这个家庭多年的生活难题，看到母子两人相拥而泣，我才体会到作为设计师真正的意义。

住宅室内设计师是每一个家庭生活的观察者，他们能为这些有不同经历的人带来生活的希望，这是其他工作者不能比拟的。

有趣的房子

我国的户型设计，受气候、地理和风土人情的影响，存在着巨大的差异。你在南海之滨阳光明媚的环海别墅中看海，我在北方合院式的私家庭院中观雪。当下房屋的户型种类繁多，还有结构各异的半地下室、全地下室、下沉花园。除了各种大面积户型，最近几年极限改造风起，多样性的收纳和千面的布局结构使得有趣的宅子无处不在。

电影《非诚勿扰2》的拍摄地鸟巢酒店，位于海南三亚，它临山临海、三面朝阳，拥有四季如春的巨大游泳池以及无处不透着海风的门和大窗户。而如果你在北方的室外设计一座户外游泳池，做完之后多半会遭到业主的投诉。因为天气原因以及难于打理都是未来要不断面对的事实。

近几年民宿设计的流行，源于人们厌倦了程式化的酒店设计，进而追求没有距离感的设计风格。不仅是热门景区，许多城市周边的旅游景点也是各类民宿盛行，这是"居家风"返璞归真的一种表现。

室内设计是一个让人充满好奇想要不断探索的行业，每一个项目都有不同的挑战。设计师大胆地将自己的理念融入项目里，满足业主的真实诉求，并始终保持对设计的新鲜感。我至今都记得，初入行的时候被客户认可的价值感和成就感，这激励着我不断进步。

设计师的第一份工作
不要太在乎钱

金钱是有史以来最普遍也是最有效的互信系统。

——《人类简史》

由于我日常负责公司的一部分招聘工作，也面试过很多刚毕业的学生，经常会被问到各种问题。

"老师，公司包吃包住吗？"

"老师，你们公司的助理是不是要给客户打电话？"

"老师，你们待遇不好哦，我还是去个待遇好、规模小一点的公司，也可以学东西……"

由于室内设计工作的特殊性，设计助理在进入工作岗位后，需要接受长时间的深度培训，从入职到真正进入实战要经过几个月的时间。于是就出现了"师徒制"的工作方式，师傅将自己的所学倾囊相授，徒弟用较低的薪资来换取价值，也正是这第一道门槛把很多人留在了门外。我并非完全认同这种论调，但这也确实是一种普遍现象。

心理学里有一个概念叫理想化修正

幼儿从出生那一刻起，只要一声啼哭，什么样的需求父母都会帮忙实现。进入学龄期后，周围的人不再一味地迁就，你逐渐发现自己对外部世界的掌控开始变弱，到了高中、大学、恋爱、工作，你慢慢懂得了社会法则，融入现实生活。这一过程就是一个理想化修正过程，从某种程度上来讲，新手设计师的从业过程也是一个理想化修正过程。

每一个人都有这样走向现实的过程，做设计的你当然也不例外。抛开行业本身的特性来说，底薪的本质其实是价值的不足。当然，新手设计师也不要气馁，我并不是一味地建议你降低收入要求，而是希望你能明白底薪低的原因，以便更好地提高自己。对有志于从事室内设计的毕业生，最好在不耽误学业的情况下，早一点进入实习阶段。

"低收入"的一线公司

室内设计作为建筑分支，行业发展时间相对较短，并不像建筑公司一样有完备的规范，尤其是家装公司各自有各自的体系。大型家装公司由于项目比较多，发展相对成熟，在设计流程、施工管理、人才培养和设计理念上会有比较成熟的体系，新人在这种相对成熟的工作体系中，成长速度也会相对较快。

同时由于一线公司知名度高、品牌效应好，因而会吸引同行业更好的设计师与客户群体，从而不断产生叠加效应。当然缺点也显而易见，它们开出的薪资条件相对苛刻，大部分员工收入甚至低于行业平均水平。那为什么我依然建议刚入行的设计师留在大公司呢？

家装设计行业门派众多、鱼龙混杂，典型的大行业小公司，加上本土化严重，大的龙头企业，市场占有率也不高，到目前为止也没有绝对的垄断型公司。很多地区的家装公司依然处于粗放型发展阶段，家装行业属于轻资产、劳动密集型行业，只要有一定的调度能力，就可以很快入行。前期准入门槛较低，导致中小公司较多。

"高收入"的中小型公司

中小型装修公司以及设计工作室也有自身优势，薪资高、管理宽松是其最大的特点。分辨好坏还是要看他们项目的口碑如何，在这个信息发达的时代，公司信息在网络上基本都可以查到。部分住宅装修设计公司声称自己的方案设计含量很高，但是如果你在网上查到的只是一堆虚假头衔，连个像样的作品都没有，那就要当心了。

另外，虽然某些公司前期承诺你高薪水、快速成长，但极有可能在你入职后给你其他岗位，比如电话营销等，这些岗位与设计工作相差甚远，会浪费大好的学习时间。

一个项目从前期的洽谈合作、沟通需求、方案制作阶段，到预算管理、施工落地、后期维护，囊括了很多环节。虽然你在小公司似乎多了一些收入，但这些也将成为你的局限，等到去下一家更大的公司的时候，才发现当年养成的一些习惯变成了累赘。这也是国内很多知名的大型设计公司只喜欢招聘新人的原因。长期存活下来的大企业，是经过市场磨炼的，在大企业的环境中成长起来的设计师也更具备成长性。

更优质的客户资源

正所谓设计"好不好"全靠业主带，这是住宅室内设计逃不出的宿命。大公司由于自身的报价体系，天然地就排除掉了一大部分低端客户。有些设计师说"家装公司没有设计含量""自己的设计有情怀"，这些设计师自己没有在平台里做到塔尖，也没接触到多么高端的客户，他们对家装公司的刻板认识，很容易给新人一种误导。看到这样的人还是要远远走开。我并不认为大型家装公司的方案没有设计含量，设计本质上是解决问题，很多时候"设计含量"不过是某些人的一厢情愿罢了。

网络时代，品牌效应会被无限放大，室内设计行业也一样会出现互联网公司的肥尾现象。大公司由于名气大，会有更多的客户，优质的客户自带更好的审美品质，更好的审美品质可以促进更完善的设计落地。

中小型家装公司（设计工作室）的一大优势是前期概念方案极有可能非常花哨，效果图阶段非常吸睛。概念方案阶段 95 分，效果图阶段 90 分，有些工艺难以实现不得不放弃，案子在刚刚开工时，就打了一半的折扣。大型家装公司设计理念相对成熟，效果图实用性内容较多，特殊工艺材料运用较少，但是施工稳定、落地明确，可基本满足大部分家庭 95% 以上的设计需求。

大面积的住宅别墅项目往往牵扯大量的土建、外观规划、能源供给设计等内容，施工周期也相对较长。这个时候有公司的系统做背书，可以帮我们分担整个过程中的各类风险。

《鹿鼎记》里有这样的一个经典桥段，天地会青木堂的徐三哥误杀了沐王府的人，结果沐王府寻人报仇，作为天地会青木堂的香主，韦小宝挺身而出，他想了一堆歪点子，调动了天地会以及个人的各种资源，为自己的手下开脱，最终把事情摆平。这像极了家装设计中的资源调配。

假设家装公司是天地会，那么作为青木堂香主的你该如何调配资源呢？宣传部门负责整体推广，市场部门负责前端开拓，商务谈判阶段有配套的商务经理。项目拿下之后有相应的家居设计师、木作设计师、软装设计师的配套设计落地。后期项目施工有项目经理、交付主管、客服部相互协作。你要做的就是协调好各个部门之间的职能，使其相互制约配合。

而中小型公司很多事情都需要个人操办。公司老板需充当业务、设计、企划、财务、人力等。一旦遇到较大的项目，控制能力的弱势就表露无遗。

新手设计师选择大公司就像做投资一样，追求更多的确定性是更好的选择。当然，我并不是要求新手设计师必须委曲求全，而是希望新手设计师能暂时放弃短期的利益，拥抱长期的收益，把自己的眼光放得更长远一些，终有一天你会发现，选择大于努力，要学会做时间的朋友。

住宅室内设计的 价值

每一次，我都不只是做一组建筑，每一次，我都是在建造一个世界。

——王澍

说到价值，很多人会觉得这是一个很大的话题。对于设计行业而言，内部存在一种天然分级，那就是建筑设计相对于住宅室内设计有一种天生的优越性。这也让很多初入行业的新人颇为迷茫，说好的空间魔术师，最后却被各种项目的琐事缠绕，还被同业者小看。那么住宅室内设计的价值究竟在哪里呢？

家庭是社会发展的最小单位。每一个家庭都有自己的居住空间——房屋住宅。在我国的传统观念里，住宅带给我们的是安全感、情感依托和基本的财富投资，是人生的大事。

住宅室内设计是对民用建筑的深化

现代建筑学源于西方，但无论是东方体系还是西方的体系，在历史上并没有把住宅室内设计作为重点领域进行研究。

文艺复兴时期，人文主义思潮萌发。人们开始追求思想的自由独立，也间接改变了人们对居住环境的态度。到了 19 世纪末期，现代主义从形式上与古典主义割裂，开始由"神性"向"人性"靠拢。

到了 20 世纪初期，大量的实验住宅涌现，室内空间新思潮应运而生。第二次世界大战结束后，社会迎来了新的发展。现代主义的住宅由于建筑成本低、效率高等特点，在世界各地被全面推广。欧洲和日本的室内设计在这一时期迅速发展。

由于建筑师工作性质的原因，使其不能充分关注到住宅建筑的每一个内部空间。为了提高建造效率，大量的户型充满了重复性，很多房子的结构看起来整齐划一、单调乏味。

随着各种技术条件的不断成熟，比如中央空调系统、水系统、现代厨房系统，以及家用电器和种类丰富的家居消费品的不断涌现，使得建筑标准化逐渐无法满足居民日益提高的个性化需求，这也给室内设计师的职业发展提供了土壤。

住宅室内设计是独立个性化的产物，而建筑标准化消解了居住体验感。室内设计师的任务就是完成建筑师遗留下的工作，对空间进行功能设计的二次深化。

空间装饰的深化

奥地利建筑师阿道夫·路斯曾提出"装饰即是罪恶"的口号。很多国内设计师谈装饰色变，觉得自己的方案有了装饰就失去了高级感，还经常拿前辈的话作为信条。抛开语境的观点都是不可靠的，当年路斯的那段话是在特定的年代背景下产生的。室内设计和建筑设计一样充满矛盾性和复杂性。任何时候去宣扬一种理念，都要谨记，这本身可能仅仅是一种观点，而非客观事实。

建筑材料导致内部空间呈现出一种冰冷荒芜的状态。毛坯空间无法满足人们的居住要求。室内设计的改造是对原有混凝土结构粗糙表面的二次升级，对墙面装饰、顶面装饰、地面装饰进行深化处理，使之更适合人们的日常使用。毕竟不是每一个人都能接受建筑本身的原生态之美。

装饰装修是对建筑内部的深化处理，改善了人居环境，无论是住宅空间中的一幅挂画，还是一张来自意大利的椅子，都能通过装饰赋予空间新的性格。这些装饰物的美感为房屋所有者带来了更多细腻的情感，通过对房主需求的深入挖掘，进而延展到其对生活方式的追求。这也从另外一个侧面弥补了建筑缺失的情感表达，让空间更有温度。

个体生活方式的延展

除了对功能和装饰的深化，住宅室内设计也是个体生活方式的延展。我国的现代住宅户型起源于计划经济时期，当时房屋被作为福利分配给大家。建筑是规划好的方格子，并且在全国形成了标准化的形态，比如常见的大院、早期的筒子楼模式，以高层住宅为主的居住形式在各地被大力推广。但我国南北差异较大，传统居住方式也具有鲜明的地域性，标准化格子间并不能满足人们的居住需求。直到商品房的出现，这种长久被压抑的需求才得到释放。

但行业的快速发展，导致行业拿来主义盛行。这使住宅建筑在户型设计上缺少思考，这也是居住者普遍对现有空间不满的原因之一。住宅室内设计师，就是在深入了解每一个个体需求后，将人们的衣、食、住、行需求在有限的空间里解决，将标准化的内部结构进行动线调整和功能优化。

从价值来说，住宅室内设计就是在不断解决人居体验问题，可以概括为：

第一，功能需求多。住宅所涵盖的功能是琐碎的，而建筑师无法完全满足所有需求，而室内设计师可以完成这个任务。

第二，空间体验要求高。功能背后是各种不同的体验，使用者的感受决定了其对设计的整体评价，建筑空间设计没有办法事无巨细地满足使用者所有需求。

第三，建筑设计标准化造成功能不足。功能的不足进而引起后期诸多连锁反应，也造成了住宅户型必改的现象。

好的体验最终转化为舒适的生活方式。室内设计师的价值就是让每一个追求个性的个体，都能在自己住宅中得到最大化满足。

作为室内设计师不必去羡慕建筑设计师，或者去和商业空间的设计师比拼，也不必把"建筑化"作为唯一信条。生活方式的二次重构才是设计重点，能满足和引领需求才是室内设计师最有价值的目标。

住宅是个体的情感寄托

日本建筑师中村好文先生把住宅空间比作"居心地"。随着工作年限的不断增加，接触的业主朋友越来越多，我也越来越能理解到这个词的含义，也深刻体会到室内设计带给人们的美好感受。

2020 年，我为一位从事教师职业的业主做住宅室内设计，她年轻的时候，为了家人和孩子，在一套 60 平方米的旧家属院的老房子里将就。多年后，她终于在一个不错的小区买下一套新房。在装修开工仪式上，她忍不住落了眼泪。房子装修结束的时候，这位老师在朋友圈发了一篇长文，感谢我们帮她住进自己喜欢的"梦想家"。每每想起此事，都会让我感觉自己身上的责任重大。每一次交付，都会让自己多一位老朋友。最近几年，我一直保留询问老客户居住感受的习惯，以检视自己设计上的不足。

在跟不同的业主沟通中，我丰富了自己的人生阅历。这些宝贵经验也为我积累了更多的设计价值，而这些不仅表现于某种装饰，更是长久的心灵体验。

你所设计的空间未必是他们永久的"居心地"，但一定会在他们的人生里留下深刻的记忆，而这些也正是住宅室内设计的最大价值。

跨行，
一切没有看上去那么好

最难的不是没有人懂你，而是你不懂你自己。

——尼采

前段时间，大学老友聚会，朋友感慨地说很羡慕我们还在坚持自己的专业。室内设计隶属于环境艺术设计专业，该专业的很多学生对于毕业以后是否要从事本专业非常迷茫。

首先，新入行的人给在校生带来的错觉是形成该现象的一大原因。先实习的师兄们刚入行没多久，却总是颇为热情地以"开荒者"的身份在宿舍里侃侃而谈，分享各种粗浅的行业内幕，传递一些负面信息。

其次，最近几年短视频、自媒体分享了很多相关视频。虽然可以让人们对行业现状有更多的认识，但是一些视频为了博眼球会夸大事实，使设计师这个本来就小众的职业更加给人一种社会疏离感。

再次，人们对"家装设计没有含金量"的刻板印象让大家觉得做家装哪有多少难度，营销占了很大部分。这三个原因导致部分人在毕业后选择了转行。

最后，在考大学选专业时，很多人缺少深思熟虑和对未来职业的规划。高考时为了提高录取概率，通过艺术类招考途径考入了大学。电影《阿甘正传》经典语录："人生就像一盒巧克力，你永远不知道下一颗是什么口味。"我并不是非要让每一个人都坚守自己的专业，毕竟世界是多样性的。但是跨行的成本与对未来的预期，跨行之前的你是否了解清楚了呢？如果毕业时，能多了解一些，那么以后也必然能少走一些弯路。

平行专业比较适合跨行

设计专业范围非常广，我在招聘中也经常遇到各类平行专业的新人来面试，比较常见的如建筑设计、平面设计、工业设计等。设计学科自身存在很强的互通性，这些平行学科的跨行是相对容易的，但是也要提前知道各个专业在就业层面以及工作方式的不同。

室内设计在大学阶段一般隶属于环境艺术专业，室内方向又可以分为商业空间和住宅空间两大类。室内设计毕业入行一般都是从室内设计助理开始做起。不同于平面设计，室内设计由干涉及工程部分，很多时候比较枯燥乏味，单靠一时的激情很难坚持下去。助理作为该行业的底层工作人员，必须要经历各种各样的历练，图纸、效果图、日常施工的大事小情都需要新人去对接。从其他专业转过来的新人，在前期可能比较难适应，想要坚持就必须学会放低身段，提高自己的心理素质和抗压能力。

平面设计专业的学生在色彩、构图、美感上有一些先天优势，通过一段时间的系统学习，是完全可以接轨过来的。但是，也一定要深刻地认识到两个专业方向上的不同。现代平面属于纯视觉方向，历史渊源比现代室内设计要久远，创作的自由度也相对较高，设计师本人既是创意者也是落地者。室内设计则完全不同，室内设计师作为创意者并不能百分百地掌控最终的施工落地，在施工环节要与施工方进行大量的沟通，由于装修的过程复杂，因而室内设计作品水平千差万别，设计师还要风吹日晒地跑工地，未必就比其他行业轻松。所以转行之前一定要把自己的方向定好，如果仅仅是为了提高收入，没有一定的兴趣在其中的话，后期会非常痛苦。

平面设计实施阶段是相对确定的，设计一旦敲定一般就不会再有偏差。但室内设计的后期从机电设备、建筑结构、平面规划、材质搭配到软装落地等，有大量的施工环节。在这些环节中设计师都不是落地的实际操作者，并且不同环节施工人员的水平参差不齐，因此存在大量的不确定性。打算转行来的平面设计专业同学一定要对室内设计有一定的了解，如果单纯是为了个人兴趣爱好，很有可能无法坚持下来。

向室内设计转行，建筑设计专业具有一定的优势。建筑设计是现代设计之母，行业内诸多优秀前辈都有建筑设计的专业背景。由于建筑师对空间有更深层次的理解，又有多年的专业训练，对空间的理解优于美术生起步的室内设计师；但室内设计师在绘画、色彩、艺术品等装饰领域又优于建筑设计师。

建筑设计本身比室内设计更具复杂性、社会性、持久性。一个有建筑设计基础的室内设计师对项目的理解可能更加深入，更加容易理解原结构的意图。

建筑设计师转行做室内设计，具体有三大优势。

优势一：丰富的理论基础

20 世纪初现代主义建筑源于西方，之后才有了现代室内设计。建筑学的理论根基相当深厚，成熟的思想流派众多，社会性、思辨性强。每一种建筑风格都有出处，这就使建筑师进入室内设计行业有了先天优势。室内设计作为年轻学科，理论还没有完全成熟，起源出处没有定论。有人说室内设计史起源于地穴时期，我觉得与其说是室内设计史，不如说是空间环境史更为准确。

优势二：严谨的设计逻辑

现代建筑有严密的设计逻辑。国内的各种建筑行业规范非常全面，而且国际上也有通用的标准，各类设计的分类逻辑也相当明确。反观室内设计专业，缺少相对统一的设计逻辑。设计师的技能大部分来源于前辈的口传心授和设计师后期经验的积累，室内设计目前依然处于经验学科的阶段。

优势三：更高的社会声望

建筑师有相对较好的职业地位，项目本身也会有更多的社会期待，加之被各种主流媒体宣传报道，传播范围广，大众对项目的关注度比较高。但是，建筑设计师在色彩搭配、艺术装饰的技能上，我认为是有一些不足的。综合来讲，我觉得建筑设计专业转向室内设计优势大于劣势，同时从相对成熟的建筑设计行业，进入室内设计行业，可以有效避免同质化竞争。

非平行专业跨行

很多人在毕业选择工作时，会比较纠结于是选择自己的专业，还是从事自己感兴趣的方向。

如果你本身并不属于设计类专业，而想要跨行从事室内设计，我建议你还是要考虑清楚。

日本著名企业家稻盛和夫先生讲过，人生如一场修炼，而工作是最好的修炼方式。兴趣也罢，爱好也罢，一旦变成了重复性的劳动，常常会慢慢让人产生厌弃感。

纯粹为了兴趣而选择室内设计行业的同学，我建议先了解一下环境艺术专业的课程架构，室内设计的工作内容及就业前景，然后再决定是否选择室内设计行业。如果最终还是选择这个行业，那么就要进行室内设计方向的系统学习。艺术类学科一般都要经历一年的美术基础课程，包括素描、水粉、速写，然后进行"三大构成"的学习，这才逐渐进入专业课程。要学习人机工程学、工程制图、家具设计、建筑史、艺术概论、景观园林、商业空间、住宅别墅设计等一系列的专业课程训练才算入门。

抛开专业基础不谈，有人会觉得住宅装修很简单，看几个视频，学几个小窍门就能自己设计出一套漂亮的空间。倘若真是带着兴趣入行，前几年可能因为自己的一些社会经验拿下一些设计项目，但是随着时间的推移，由于基础专业知识的匮乏，你的兴趣会在后期的重复、高强度工作中逐渐被消耗殆尽。

对于从室内设计专业转行到其他行业的人，我建议他们算一笔时间成本的账，四年的专业技术学习，要投入大量的人力、物力。作为一名从侧重于实践技术操作专业毕业的学生，毕业后不从事本专业而转型其他行业，成本稍高。设计专业属于美术专业，其他学科基础较为薄弱，从事其他行业可能还要付出更多的时间。对于一个人的成长来说，时间是宝贵的，这种双重的时间浪费较为可惜。

如果纯粹为了赚钱而转行，那么我觉得更不可取。每一个行业都有自己的"英雄故事"，他们出身底层，经过千锤百炼，最终走向人生巅峰，这些故事极容易被媒体放大，从而造成在那个行业可以实现财富自由的假象。每一份表面光鲜亮丽的工作背后都有不为人知的辛苦，大部分人在工作几年之后，都会遇到不同的瓶颈期，设计也不例外。

欲求不满是大众的普遍心理，总是羡慕别人的工作比自己好，收入比自己高。与其这样，不如找到做事的方法，要想办法去发现自己对工作的兴趣和热爱，认真地把自己的本专业做到极致。当你在自己的领域里成为专家时，自然就掌握了更多的主动权。

如果是平行专业的跨行，我认为较为可行，但室内设计转其他行业，或者其他非设计类专业跨行进入室内设计领域，我认为有一定的难度，不假思索地跨行并没有想象的那么美好。跨行之前要对专业做全面了解并要梳理好自己的规划，而不是像那则"洞穴寓言"里的人一样，住在自己的山洞中，永远只相信自己见到的投射到墙上的影子。放宽自己的眼界，并做正确的努力才会为我们带来高光时刻。

第二部分

出发

标准化设计和
个性化设计

惯性越大，越难摆脱。既定的做事方法会掩盖其他可能性。

——奥赞·瓦罗尔

标准化设计

由于国家对房地产行业管控的不断加码，室内设计行业也受到了不同程度的影响，城市新建商品房开始推行精装修模式。这让很多同行不太理解，或者说对这个政策一直有些抵触。

精装修模式解决了部分浪费的问题，降低了后期装修的时间成本。但是资源重复浪费的情况也存在。比如由于是工程标配，住宅的客厅阳台很多会带推拉门，并且大部分推拉门的质量极差，后期多数都要被拆掉。冷热水前期走得不到位，插座位置不适合当下的使用的话，装修的时候要一并重新规划这些水电问题，因而白色墙皮基本上都要被铲掉。而这些位置产生的两次施工成本都将转嫁到业主身上。

开发商配的精装修在装修风格上，基本上家家都一样。由于开发商对项目的重视程度一般，一套图纸可能要用好几年，因此会存在风格陈旧的状况。在实际中，买房之后全部拆掉重新装修的事情也时常发生。

虽然有诸多问题，但可以预见的是未来室内装修市场会逐渐变小，而单个住宅项目的品质要求会越来越高，其带来的收益也会逐渐提高。但是结合目前社会的发展，国内装修行业的工业化进程绝对不是一蹴而就的事情，10 ~ 20 年可能会是一个周期。这也意味着，未来 20 年一大部分当代住宅室内设计师的退休生活不一定会完美着陆。

对我们设计师来说，如果以后商品房精装修了，那么做住宅室内设计还有前途吗？

未来必然是标准化设计和个性化设计并存的时代。标准化设计并不局限于精装修，最近几年大火的"整装"概念，就是标准化的一个范本。未来的室内设计行业必然会驱逐大量专业度低且审美水平较差的"忽悠型"设计师，留下大量专业型的设计人才。

设计师要在标准化和个性化之间进行抉择，我认为一定要厘清两种思维：装修思维与设计思维。

装修思维即装饰和修理，起源于 20 世纪 90 年代商品房出现的时期。设计师通过各种产品、材质，把房子修饰得更漂亮，墙面不美上石材，地面不美来拼花。目前国内大量的装修从业者都有类似的思维。

20 世纪 90 年代先富起来的家庭中，流行所谓的欧式，如酒店风格的黄壁纸、榉木色的护墙板。2000 年之后人民生活水平普遍提高，在室内装修中出现了各种欧式、中式红木家具，金黄的石材，鎏金的房顶，一水晃眼的富贵色。直到最近十年，各种新的视觉信息大量涌入人们的视野，业主才逐渐对"美"有了新的认识。

室内设计的另一大问题就是当下的标准化整装。此类模式本质是产品先行的装修逻辑。

整装的意义何在呢？繁杂的装修流程需要闭环管理，多数企业交付满意度极低。而"整装"有一套标准化的运营模式。

装修标准化一直是一个难题，人力无法标准化，人员管理不易量化。其通过缩小品类、简化后期装修，来控制交付的标准程度。其本质就是快速简化装修流程，利用产品化的逻辑来提升效率，满足对设计要求不高的用户的需求。

整装对于行业的积极意义就在于，这种模式把成本压缩之后可以淘汰大量的非正规化住宅室内设计中小企业，提高正规企业的市场占有率，达到进一步净化市场的目的。

对于设计师来说，整装可使前期的工作量减少，新人从业门槛降低。整装使住宅室内设计从做设计变成了卖"产品"，可以提高行业初期新人的待遇。

以住宅整装为主要业务的企业虽然可以为新人带来不错的工作环境和福利，但是由于整装标准化的特性，必然会使设计师在设计思路的拓展上受到限制，也就是装修思维在这里会占到一大部分。这是新人设计师在这类企业所要面临的问题。

工业化的标准装修还要经过市场的考验，其最终走向很难预知。设计师要做好自己的职业规划，选好自己的发展方向，不要深陷标准化中不能自拔。

个性化设计

社会多元化发展是一个不可阻挡的趋势。市场虽然在标准化之下会有阵痛，但在这个优胜劣汰的过程里，专业人员会更多地被留下来。需求端和供给端都会更新迭代。

如今"80后""90后"逐渐成为消费主力，由于信息获取方式的多元化，他们接受的都是最新的事物，审美水平也比前几代人有较大地提高。这一批新的用户，会更加理智地消费，并愿意为专业付费。例如最近几年的付费版权，对网络电视、电视节目进行付费。这些在这一代人心中也逐渐成为共识，很多互联网"知识付费"公司的价格也是水涨船高。家居网红层出不穷也是新时代的另一大特点。

最近几年，我明显感受到功能是业主关心的首要问题。从个人的独立办公区域，到网红的家庭直播间、孩子的学习空间、智能的全屋灯光设计、舒适的睡眠系统等，都和前几年有非常大的不同。

这些问题都需要用设计来实现。对于设计师来讲，需要花费大量的时间，寻找产品的落地支持。很多设计师为了节省时间，先用效果图把甲方应付过去，在不了解产品功能的情况下就选材料。很多设计师在工作的前几年没有察觉到问题，虽然事业也做得风生水起，但到了一定年限之后就会出现颓势，从沟通方式、设计手法到思维认知方面都变得慵懒。如果你打算把设计作为职业化道路，一定要尽量避免这种工作方式。

其实无论是个性化设计还是标准化设计，所有设计师都能在未来找到自己的生存方式，刚入行的新人不必担忧自己的未来。作为打算走职业化道路的设计师而言，一定要做好自己的定位，专业化的设计思维会让你的职业生涯更加持久。

好设计往往采用
最朴实的手法

好的设计能够帮助我们驯服复杂，不是让事物变得简单，而是去管理复杂。

——唐纳德·诺曼

学生时代，我特别喜欢看各种建筑的造型，当时印象最深刻的就是荷兰建筑师雷姆·库哈斯设计的中国中央电视台（CCTV）大楼。那时作为现象级的新闻被各大媒体报道，我当时心中满是憧憬，于是后来每次去北京，总是要去参观一番。虽然这个建筑在国内建筑圈有很多争议，但是从当下的潮流来看，这种纯粹的几何做法，反而别具美感。如今建筑审美的包容度也比当年有了巨大的提升，大家对这个项目的接受度也变得更高了。

当下，建筑造型的设计手法是一个很抽象的话题，可能每个人都有自己的见解，但在住宅室内设计中去参考各种造型却过于浅薄，学习背后的设计逻辑才是我们要深入思考的。

室内设计的核心理念

在这个读图时代，氛围感、设计感极强的图片传播率很高，虽然这其中有大量的"飞机稿"（未被客户认可的设计稿）。比如最近几年在设计比赛中经常出现的极简主义案例，人们对它的评价往往是："真好看！""真不好用!"设计仅仅停留在视觉系统上是远远不够的,一个人在空间中的感受涉及方方面面,我们的设计应该更多地从使用者的角度思考、解决问题。当然,这也未必全是设计师的责任,因为当下的设计教育、业主诉求似乎都倾向于视觉装饰层面。

不过最近几年,大部分有过装修经验的业主,更加关注生活的细节,加上很多设计同仁的正向引导,室内设计的核心理念也逐渐变成所有的空间装饰都以生活方式为中心。

设计的基本手法

室内设计中最难归纳的便是设计手法。很多大学已经从理论层面提供了较多的培训。

空间在本质上是一个六面体,室内设计的呈现逃不出这个方盒子,"三大构成"仍旧是最基本的手法,即平面构成、立面构成、色彩构成。

作为初入行的你,如何来理解"三大构成"便显得至关重要。"三大构成"是在三维系统对空间进行丰富。很多非专业的甲方,很多时候觉得设计就是画几张图,而他们无法理解构成的意义。学习平面构成可以培养一个人将事物从视觉转化成平面图形的能力,布局就是平面构成的实用版。色彩构成可以让设计人员更好地去搭配颜色,并且把这些东西应用在实际的某一个面上。立体构成则是空间设计的本源,任何物体的构造都是基于体块的堆叠。

"如果建筑想表达某种空间概念,它会通过尺度来表达。如果它要表达某种精神,它会通过质量来表现。如果它想表达社会理念,它会通过节点来表达。"这是美国建筑师爱德华·R.福特的一段关于建筑的经典阐述。室内是建筑节点的一部分，理解手法还是要从理论开始。

那么理论知识到底有什么用呢？

理论知识能够帮助我们建立最基本的设计认知框架，我们所说的三大构成，就是将抽象变为具象落地的设计思维模型。

我们做一个简单的思想实验：找一个植物学家、一个设计师，让他们各自用一篇文章描述一个苹果。植物学家的稿子可能是这样的：蔷薇科，落叶乔木，树冠高大，喜光，2~3年开始结果。设计师的稿子也许会这样描述：不规则球形，表面有凹陷，红色、黄色、绿色混合，表皮亚光，触感光滑。

从表面上看是两个人的表达用词不同，但本质是因为专业认知的不同让他们表现出看待事物的视角不同。当植物学家看到苹果的时候，他大脑中关于植物的专业记忆就像自动驾驶一样被唤醒。同样，作为设计师的你可能首先感觉到的是一颗苹果外观的复杂性以及红色表皮中似乎还夹杂着一点黄色。

无论是最近几年在国内特别受欢迎的意大利建筑师卡洛·斯卡帕的建筑，还是英国已故建筑大师扎哈·哈迪德的新生态建筑，都离不开基本的构成思维。理论知识使你掌握了观察世界的新方法，"三大构成"则是你将思维转化为工具的桥梁。所以，不要迷信大师的手法。再高超的手法也要回归最基础的知识。

空间感知系统

有这样一类业主，和你初步沟通后，对你的理念很是欣赏，你们沟通得非常愉快，并很快就达成了默契，但是方案后续却出了问题。其原因很可能是业主醉心于效果图的氛围表现，虽然还是喜欢的颜色、材质相同的沙发，但总觉得那不是他想要的东西。几版设计稿之后依然没有敲定，最后不欢而散。

相信这样的事情，很多设计师每年都会遇到几个。为什么会这样呢？

室内设计师在服务每一位业主的时候，到底是在做什么呢？除了解决造型问题、生活功能问题，空间又该走向何处？

没有打动客户的原因未必是方案的呈现问题，可能是使用者的感知系统没有被方案打动。大多数业主都未曾受过系统的美学训练，而具象思维强的业主，只能通过画面氛围做判断。由于方案没有触动到对方的视觉感知系统，所以自然拿不下来这个项目。

虽然我们都知道，图纸是打开甲方的钥匙，是表达设计的解释工具，但是对于业主来讲，直观的感受要远远大于你对未来项目落地的承诺。所以，我们就要想办法通过说服、表现的方式，先去启动对方的感知系统。

当然，这仅仅是前期的方案阶段。一套方案的成功与否有诸多的影响因素，包括预算、审美、需求、施工、配合度等。

感知系统充斥在设计的前期、中期、后期。视觉上带来的美感，囊括色彩、材质、形体、设计尺度。空间使用则激活了触觉、嗅觉、听觉等感知系统。

如果让你设计一家酒店，因为资金有限，不能用昂贵的材料，但要有非常好的空气净化功能和最佳的视野，还要最大限度地节省能源，并且只能保留最重要的功能。

那么这个项目该怎么做呢？

答案是做一个露天的酒店，只设计一张床。

可能会有很多人对此嗤之以鼻，这也能算是一套方案吗？

但是在 2018 年的欧洲就有人做出了这样一家酒店。酒店设计的核心理念就是让人拥有优质的睡眠。优秀的室内设计作品应以满足人的感知系统需求为前提来进行氛围的营造。

从感知系统需求的角度出发，靠背的样式、依靠的舒适度、枕头的大小、床垫的软硬、被子的厚薄、室内的温湿度等都可以作为设计深化重点。

所以，在效果图设计阶段，好的氛围、沁人心脾的感觉才是重点。

最近几年的墙面造型，早已从二维变三维。业主的审美已经发生了变化。仿古瓷砖、做旧的凹凸彩色手绘釉面砖在前几年特别受欢迎，在仅仅四年的时间里，具有纯粹装饰属性的仿古砖就逐渐被新的装饰材料代替。同一业主在装修第二套、第三套房子时，他们的审美感知已经发生了变化。

人们不断变化的审美感知和需求促使了室内设计业态的发展，而不断成长的室内设计行业又通过不断革新，引领大众新的审美感知。每一种风格的变迁，都是审美感知的变迁。

室内设计的功能主义

工作几年下来，我发现随着客户品位的提高，设计各种奇特的装饰造型逐渐成为设计师的工作重心。这些不同风格的"造型"虽然解决了装饰问题，但作为站在专业的视角来提供方案的设计师，不能将工作重心只停留在表面，空间的功能性才是设计的核心。

住宅空间里的功能，按照行为方式可分为社交、餐厨、休息、储藏、清洁五大类。

社交行为主要集中在公共区域，如会客厅、多功能室等。社交空间的功能性和装饰性往往是业主比较在意的地方。巧妙的功能设计是整个室内设计最讨喜和出彩的地方。

改变原始户型的功能局限性，创造出比如中西分厨，储藏、清洁空间等功能空间，都是对空间功能最好的挖掘。与业主进行大量沟通，获取更多的需求信息是提升空间功能性的最好方法。新入行的设计师，学习大量与生活功能相关的知识是一个比较好的路径。同时由于中国的南北方差异巨大，南方人的生活习惯和北方人的生活习惯有很大不同，了解业主需求时还要围绕着年龄、习惯逐个展开，不同民族、不同宗教信仰的人对空间功能需求也不同，空间设定时一定要进行充分考虑。

住宅室内设计师的自学之路

在所有历史中，人类生活的历史是最有趣的，这种历史可以让时光"倒流"，让死者"复活"。

——露西·沃斯利

初入行的设计师，在工作几年之后可能会有一个困惑：成长非常缓慢。做了几年方案，水平一直停滞不前。说到底，是知识没有更新。步入社会后，不再有老师的督促，如何吸纳新的知识，并运用知识形成技能是我们需要不断思考的重点。

住宅室内设计师的自我学习

为什么设计师的提升如此缓慢呢？学习究竟是什么？学习是通过对外界知识进行不断地汲取，并内化成自己思想的一部分。方式可以分为两种：教学和自学。

教学是在老师的帮助下通过系统化的训练获得新知识。自学是靠个人查漏补缺吸收外界知识。不管哪一种职业，想要迈入更高的阶段，自学都是必经之路。

我们经常会说一句话："你不是工作了十年，而只是一年工作经验用了十年。"自学的本质是向内的开导与启蒙，由于缺乏开放性，很容易成为自我经验的投射，导致成长缓慢，甚至误入歧途。

初入行的朋友看看"鸡汤文"、刷刷微博、读读微信订阅号，把这些碎片化的设计知识当作金科玉律。殊不知，缺乏系统化的学习，所谓的成长收效甚微。自学的核心依然离不开系统化的学习。

武侠小说《倚天屠龙记》里有这样一个桥段：周芷若获得了倚天剑和屠龙刀里的秘密——《九阴真经》，经过一段时间的闭门修炼后，武功大长，击败一众高手。但是却因只学了一些皮毛，导致自己走火入魔，在后来的比武中元气大伤。这就是典型的缺乏系统训练的结果，自学的缺陷也在于此。那我们就没有办法了吗？在说这个办法之前我们先来解决另一个问题。

住宅室内设计是什么

很多设计师都会有一个疑惑，自己的审美理论知识很丰富，为什么做出的作品却一般般呢？

这就要从工作方式说起。住宅室内设计就是利用自己的专业去解决对方的问题。直白地说，业主是拿钱买了设计师的时间和服务，而不是让设计师自由发挥。

住宅室内设计不是艺术创造，而是一场商业行为。

这就意味着每一个项目的走向取决于两个角色：甲方和乙方。如果甲方的要求非常奇怪，乙方又缺乏主见，不会引导，那么项目必然是奔着失控而去。最好的结果是甲乙双方的平衡，甲方尊重乙方意见，乙方了解甲方意图。

好作品是双方合作的结果，也正是这个原因导致了家装设计很难出好作品。

那么这个问题和自学又有什么联系呢？

其实每一个设计项目从概念、图纸，到施工、落地，都是一个系统学习的过程。如果你工作了几年却还是停留在一种作品的感觉里，那说明你只是学会了一套流程，而没有去思考项目背后的逻辑。

同时，由于家装的评价权并不在专业人员手中，客户满意的方案才是"好方案"。只要装修问题不是在工艺、衔接或服务方面，业主基本都会比较满意自家的装修，还会对设计师大为赞美。

从心理学角度来讲，这极有可能属于人类误判心理，对自己选择付费的事物总会给予更多正向的评价。这导致了部分设计师无法客观地看待自己的作品，进而影响自身的提升。几年下来，作品质量还停留在原地。如果每一个项目都不做总结，那么你离成功就会越来越远。

忘掉一万个小时，设计师的刻意练习

很多人都听说过这样一个理论：只要经过一万个小时的练习就能成为行业高手。这个理论来自格拉德威尔的《异类》一书。书里列举了很多例子，比如音乐神童莫扎特并不是天生的作曲高手，他幼年时便开始练习，加上音乐家父亲的不断教育引导，耳濡目染，使他少年时便有了很高的音乐造诣。

设计有着复杂的工作过程，一万个小时的练习不能生搬硬套。室内设计水平的提升不是像音乐、体育学科一样局限于单一的技能。

那么对于室内设计更加有效的学习方法是什么？

有目标、有反馈地刻意练习，我觉得更加适合设计行业。职业成长并不在于你完成了多少个项目，而在于你对每一个项目的总结与归纳。

对于初入行的设计师，有两种反馈方式。

第一种是专业反馈。在你的周围找一个对标的前辈，经常向他提问交流。在拿到项目之后，先进行自我的理解，从平面布局、效果图表现、施工落地等细节对项目进行评估。完成之后，再找一位前辈老师进行点评，交流讨论。在后期的交付、落地拍照环节也照此法执行。虽然不是每一个作品都能够发布推广，但实景最能暴露出项目的问题所在。同时，关于设计技能方面，我建议要给自己设限，比如不要出现上次使用过的色彩搭配、造型装饰等。

第二种是客户反馈。一般业主无法对自己家的装修效果做出客观的评判，那么我们如何从客户的口中得到真实评价呢？

最为有效的办法是拉长回访周期。在项目刚刚结束的时候，不要着急去让客户给出评价，在实际交付半年到一年时间后再进行回访，这时得到的信息才更为真实准确。

很多业主在刚住进去的一段时间里，都会对室内设计进行各种夸赞，但经过一段时间的居住后，就会体会到很多设计细节的问题，例如：插座预留的位置不合适，收纳设计的不到位，甚至是后悔为奢侈材质买单。

在收到两种方式的反馈之后，再建立自己的问题簿，并进行存档。在这里我们是要把设计作为一个整体进行系统训练的，在这个过程中不断学习，再通过大量读图来提高视觉表现能力，我觉得会更加高效。

对于初入行的设计师来说，设计流程的清晰化远远大于单一技能的提高，前者是刻意练习，后者属于熟能生巧。不过作为一门复杂学科，这样的长周期学习可能依然不够。

读书学习与知识付费对设计师来说到底有什么用？

虽然时下是一个全民读书、知识付费的年代，但是大部分的设计师在这一方面也是相当迷茫。从自媒体公众号、APP、电子书籍阅读再到线下的各种大师班，各种各样的学习渠道，让你时刻生活在一种压抑的状态之下，不免让人产生一种焦虑感。

学习源于自发性，如果是因为外界的逼迫而读书，或者自己盲目之下花个大价钱跟着大师走了一遭，费用不菲不说，还浪费了大量的时间，回来做项目依然一塌糊涂，所以学习一定要选对方向。

对于设计师的自学我比较赞同两种方式：功利化学习和分阶段学习。

功利化学习

在一段时期读书是一件为古代文人所不齿的事情，例如魏晋时期，那时候的读书人，学习不为仕，只为过闲云野鹤、与众不同的生活，比较有名的如"竹林七贤"，他们几个人经常做一些行为怪诞之事，比如喝醉后脱光了衣服的刘伶，客人进屋说他如此不得体，他还斥责道："这屋子就是我的衣衫，你们干吗进到我的裤子里来呢？"

不过再往深层次看，当时的社会政权异常混乱，当时的文人就是想用这样一种方式来达到"不入世"的目的。

也就是说，魏晋文人的读书也并非纯粹地读书，他们的目标是不与社会同流合污！学生时代受的教育是读书就应该纯粹一些，但进入职场后无目的、无问题的读书和学习很可能收效甚微。

功利化学习的本质就是带着问题学习。比如，如果我们在做方案的过程中，发现色彩搭配不好看，该怎么办呢？

第一步，先思考一下是因为最基础的色彩理论不够，还是因为实践过少无从下手。

第二步，如果是实践不够，那么当下最权威的色彩搭配工具书有哪些，有没有好的案例、理论知识、代表人物。

第三步，这些工具是否能解决当下的问题，还有没有其他的学习资料。能否找到全部的学习资料逐一学习。

第四步，在各类学习资料中找出不同的理论依据，进行对照、学习、记录并加以应用。

色彩知识的学习，仅仅靠一本书是远远不够的。我的建议是从书籍、视频、文章等几个方面将知识点一网打尽。对于网上的视频、音频课程，在通读完专业性较强的书籍之后有选择地观看比较好。目前网络上的各种培训机构水平参差不齐，有很多设计师自己的专业技术还不达标就出来教授课程，着实有些误人子弟。选书也尽量选择知名出版社出版的和再版次数较多的专业书籍，这些往往都经历了时间和市场的筛选。如果你已经有了前面丰富的知识积累，那么以后看各类文章会更加客观、理性。

通过前期大量地学习，最终将形成一套关于色彩的系统化认知，大脑就可以建立一条完整的"是什么、干什么、为什么"的逻辑思维纽带。碎片化学习效率不高的原因，就是因为思维纽带不够牢固，过于单一。

分阶段学习

每个人的成长阶段都不尽相同，即使是同时毕业的两个人，五年之后他们对工作的领悟也会不同。所以你的同事去报了所谓的大师班、软装班，你问他学习得如何，他说还不错。然后你看到他发了朋友圈，客户点了赞。你也带着一脸憧憬跑去学习，结果发现对于你来说收获并不大。

周星驰早期的一部电影《大内密探零零发》里有这样一个桥段：保皇一组零零发半夜出去巡逻，遇到了西门吹雪和叶孤城在紫禁城的房顶上决斗，他们为了收买人心，把武林绝学《天外飞仙》赠予阿发。第二天，皇帝问他昨夜听到了响声，是发生了何事？阿发跳起来，蹬了蹬腿，说是一门武林绝学——"一剑西来，天外飞仙"，结果被众人一顿暴揍。以当时乌合之众的段位，是断然不知这门武林绝学的高深之处的。

对于室内设计师又何尝不是呢？一个刚入行的设计师，是没有必要去听大师的课程的，如果要听也要有计划地吸收。新手设计师最重要的是建立行业的基础思维，而大师的课程讲的内容往往偏向于碎片化、成熟的个人知识体系，短时间的演讲，缺乏系统输出，适合拔高，不适合新手设计师。

初级阶段对应的是最基础的学习、功能研究、图纸规范化、施工工艺细节、设计表达和材质搭配等。新手设计师不必好高骛远，公司里的优秀前辈就是你最好的老师，他最了解你当下的工作环境，以及你在项目实操中的具体问题。

那么什么时候适合去听大师的讲座或者外出游学呢？你可以在掌握基础知识之后，通过几年的项目实践先让自己拥有独立思考的能力，再带着问题去听课，会有事半功倍的效果。

知识的内化是学习的真谛

经过大量知识的洗礼，在我们对职业学习有了新的认识以后，还要将这些知识内化成对我们有用的技能。很多人虽然听了许多理论却依然设计不出让客户满意的方案，我觉得这可能是在内化环节出了问题。

从小学到大学，我们接受的都是一种被动式的教学，这种教学方式造成了当代毕业生在工作后，一旦没有环境的逼迫，很容易失去学习的方向，只能把赚钱作为上进的唯一动力。这种状态下，遇到瓶颈期，人就会变得非常迷茫。

自学最核心的问题就是去掌握内化技巧，目前来看，最好的办法就是"费曼学习法"。

作为物理学泰斗，费曼先生深知这门学科的艰深，于是就想办法将晦涩难懂的概念用通俗的语言教授给学生们。由于他讲得生动有趣，学生们都非常喜欢他的课程，也就逐渐形成了"费曼学习法"。

这套学习方法的核心就是输出，即站在老师的立场上，通过自己的理解，把所学的东西用简洁的语言表达出来，并且让外行听得懂。

这套方法的思维逻辑可以分为五个步骤：

第一，明确学习目标。比如我们要学习项目水暖设备的知识，你可以把想要学习的要点都列举出来，并对其进行分类，尤其要进行难易程度的区分。

第二，理解学习对象。例如：针对设备这个环节，找到所有的相关资料，把不同意见的资料全部整合，并挑选出重点。

第三，教授输出。找一个对象，把自己学习到的知识通过个人的理解传授给他，同时来检视自己对原有知识的掌握度。

第四，复盘回顾反思。对那些不容易理解的专业名词要重新学习，寻找到不容易理解的技术点，或再次进行输出。

第五，知识精简，吸收应用。通过前面几个步骤，对于专业知识你应该掌握到了一定程度，接下来就是进一步地将知识应用在我们的案例中。

这五个步骤结合设计工作，也可以将其合并分解为三个容易理解的步骤，即专业输出的——写、讲、教。

写：写作输出是理解知识最快速简单的方式。在每一次的学习之后，都要将自己的收获，通过文字总结下来，围绕几个核心点进行概括，以便后期定期翻阅。

讲：在室内设计工作中，设计师要面对大量非专业的业主，因此要学会用通俗易懂的语言把知识体系传播出去，让不了解设计价值的人来采纳我们的方案。

教：把自己所学的新知识教授给他人是最好的输出手段。设计师基本都有自己的助理团队，将自己的专业知识进行系统化整理，并且将其分享给助理团队，以教带学。输出自己的成果让他人受益，自己也可以反复检验成果，既成全了自己又教会了他人。

无论是哪一种学习模式，其根本就是要摆脱大脑对熟悉知识的固化。人的思维模式天然地会把所有的事物代入到自己熟悉的观念里，而知识内化就是要不断地获得新的方法与理念，并不断地抛弃固有观念。

设计师的自学是漫长且终身的，每个人都可以通过自己的实践和理解，最终找出一套适合自己的学习方法。

室内设计是
流行文化的一部分

创作是一种发现，没有一颗发现之心，美丽的东西终将会逃脱。从这个意义上说，真正的行家是能抓住美的。

——山本耀司

室内设计作为建筑的分支学科，有些套用的是建筑设计的理论，这就导致了部分知识深度不够，无法解决现代室内设计的全部问题。室内设计的本质是一种住居生活文化，我们现在所接触到的卧室、浴室、厨房、客厅都是最近 100 年才开始独立出现的。

20 世纪前后混凝土技术、空调技术和玻璃的应用，以及城市水系统的改造，都为民用建筑的发展起到了助推作用，电力的发展给城市网络提供了更多便利性。社会进步使人居环境得到改善，到 20 世纪下半叶，现代室内设计才逐渐演变成现在的样子。也就在这个时候，流行文化开始成为社会的主流。

室内设计的时尚性

什么是时尚呢？其本质就是一个时代或时期，为大众所崇尚以及追求的东西，比如很多文献记载的唐代宫廷女性的妆容，在当时就是民间模仿的对象。

在室内设计圈，每年都会有几场非常重要的活动，意大利米兰一年一度的米兰国际家具展就是其中之一。米兰国际家具展起源于 1961 年，最初设立的目的是展示意大利的家具，后来逐渐发展成为全世界家居设计的风向标，每年的新品发布都能给设计圈带来一阵风潮。最近几年非常流行的爱马仕橙，就是在服装设计行业流行的延伸。每年的流行色发布，让室内设计不断地推陈出新，同时也深刻地影响了人们的审美变化。

时尚传播速度的加快，让产品快速生长之后又快速更迭。量产降低了各种消费品的成本。欧美豪宅中流行的元素，很快就能在大洋另一端的某个小城找到簇拥者。

室内设计的"嗜新"性

德国哲学家齐美尔提出人类的两重性，即对普遍性和特殊性的同时追求，导致了人们追求时尚的倾向。不仅视觉层面，功能需求也同样在变，中国人民对电视背景墙的态度就是一个很好的例证。在那个物质匮乏的时代，电视无疑是大众生活品的重要组成部分，一家人围坐在电视前边看边吃，没有独立的餐厅概念，所有的生活布局都以它为中心。在娱乐多元化的今天，由于激光电视、平板电脑以及新媒体的出现，看电视不再是唯一的休闲方式，所以对于电视背景墙的去留，业主也有了新的认知。

室内设计的"嗜新"是一种常态。例如色彩变化和电视本身的去中心化。室内设计受时尚影响非常之多，纵观欧美的室内设计案例，设计手法多是以材质搭配、家居配饰、色彩为切入点，这一点和国内的硬装要求有很大不同。把家居饰品向快时尚推进也是室内设计最近几年的一个变化。

近几年随着短视频的发展，更多的作品进入大众视野，大量的经过设计的室内空间成为网红打卡地。人类基因里的好奇心，对新鲜事物的追求是我们无法绕开的话题，而室内设计则充分迎合了这些最原始的诉求。

现代室内设计的大众性

室内设计在古代属于居住文化的一部分，是属于文人雅士的事情。比如明末著名的《长物志》就是古代美学文化的集大成者，里面记载了花木、水石、器具、香茗等各类玩物，从本质上来说这也是一本描写古代居住软装文化的书籍。

无论是东方还是西方，居住文化自古就是上流社会的关注点。现代主义"民主化"的概念出现后，才出现真正意义上的符合大多数人生活方式的现代居所。

大众文化的特点就是每隔几年就会有新的焦点出现。现在很热的智能家居虽然还处于初级发展阶段，其蹩脚的语音识别、极慢的传输速度都是当下不能逾越的障碍。但是，可以预见的是未来智能家居的发展一定会越来越完善，在健康保障、数据采集、舒适度的配合上肯定会带来诸多变革，这只是一个时间的问题。

所以，室内设计的功能和审美都会随着社会发展快速变迁，流行性必然是我们所面临的常态，正确看待我们行业所处的位置以及特有价值是新手入行的必修课。新手只有不执着于作品，不受"经典"的束缚，做好定位才能产出更有价值的设计作品。

方案创意
靠想法

要完成一个完整的室内设计作品，最困难的是什么？是创意和落地！

能拿出与众不同的创新方案是每一位设计师的愿望，而一个好想法的落地也是很重要的事情。项目落地的核心就是减少不确定性。

创意阶段的工程变更、甲方意见的变化都是不确定因素，如何应对就需要设计师的系统思维。

很多设计师在做项目的时候，总会说没有灵感。而所有"创新"都是在积累大量的经验后，再经理性思考推导而来。灵感是大脑神经带给人的一点小错觉，其本质上都是既有事物在大脑中的回放。你要做的就是在熟练掌握了理性设计思维之后，萌发出更新的观点。此外，还要有稳定的系统来配合方能圆满落地，这样才可以降低项目的不确定性。

设计师的理性思维该如何建立

设计学科以绘画作为基础，很容易将其和艺术放在一起比较。但室内设计不同于艺术，由于需要遵循甲方需求，所以它还具有商业属性。

意大利建筑大师卡洛·斯卡帕有这样一个故事：当地的一个贵族委托他为家族设计别墅，并给了很多的时间。一年之后，贵族问他："大师，我的案子做得怎么样了？"斯卡帕说："哦……再等等。"第二年，贵族又来问：

"大师，我家的设计到底怎么样了？做没做，你倒是给我个准话啊。"斯卡帕说："再等等。"第三年，斯卡帕拿着终于完成的作品来找那位意大利贵族，才发现房子已经盖好了。

我们并不是否定大师的完美主义，毕竟这是所有设计师的共性。但设计工作作为商业活动，甲方必然对方案有所要求。作为一个设计工作的委托，它一定具有时效性，同时随着时间推移，甲方的期待值终会被消磨殆尽。任何一种商业行为都以最终交付为导向。如果错过了商品的最佳使用期，便会一文不值。

建立理性思维对设计师来说是至关重要的。这就要用到批判性思维工具来进行嵌套，提出问题—解决问题—反思、质疑、排除错误—验证方案—落地实施。

如果一位有装修需求的女业主告诉你说："我想要一间特别安静的卧室，以保证婴儿床里的宝宝不被外界的噪声打扰而影响睡眠。"

装一扇较好的隔声门，这可以实现安静睡眠吗？不能！

如果不能实现，我们还有哪些问题没有解决？

窗外的噪声、卫生间上下水的声音、父亲的呼噜声、客厅的电视声……如何排除这些障碍呢？

换一套更好的隔声窗户，对卫生间上下水要进行吸声处理，给辛苦的爸爸弄一间单独的书房。

我们的居住问题解决了吗？还没有。

"请问您的预算是多少呢？""您老公是否同意单独去另一间卧室睡觉？"……

只要我们不断地提问，业主的需求就可以无限地挖掘下去，最终找到最适合他们的解决办法，这就是设计的理性思维。寻找甲方的需求，就像读一本小说一样，层层递进，缓缓拨开，找到最核心的问题，并通过反复的功能确认完成最终的方案设计。

室内设计师的数据感

我们常见的黄金分割、色彩三原色等，就是所谓数据感的应用。数据感的建立有三个方向：读图、画图、人机工程学。

读图需要不断地训练自己的眼睛，在看一套方案的时候，不能泛泛地看，可以观察某一个造型或者局部，做到深度读图。美国艺术史学家艾美·赫曼在《洞察：精确观察和有效沟通的艺术》一书中，对于深度观察提供了很多的训练方案。简要来说，看方案要像观察油画一样，把一个方案的信息分为形状、比例、光影三个方面，观察各个物体的纹理图案走向、材质搭配，再研究光影之间的配合和施工中细节处的收口。

作为初入行的设计师，千万不要偷懒把意向图或者草稿一勾，就丢给助理。当你把立面的节点放大到足够尺度的时候，你会惊讶地发现另一个新的充满细节的世界。图纸是展现一套方案最好的载体，也是有效的锻炼设计感的方式。

人机工程学是设计师数据感的基础理论工具，空间中各种设施如何设置更适合人的使用，这门学科给出了不少具有实用性的参考，很多人在校学习期间都忽视了这门课的重要性。国内几档著名的设计改造节目，就是运用极端数据组合的最佳例证。

培养数据感的另一个工具，就是最近几年比较热门的第一性原理。

什么是第一性原理？简单来讲，当我们遇到一个无法解决的棘手问题的时候，应该抛开对既有知识的依赖，回到问题的根本，以找寻解决办法。因为我们不仅会被以往的经验束缚，还会受限于他人所做的成果。

太空探索技术公司（Space X）的首席执行官埃隆·马斯克在火箭技术上就运用了这一原理。火箭飞船和太空旅行是他儿时的梦想，于是他飞到了俄罗斯，准备购买导弹，用导弹送他的宇宙飞船升空，但导弹2000万美元一枚的价格，还是让他有所退缩，俄罗斯人更无法相信，单凭一个人怎么可能创办一家太空公司？但是马斯克没有放弃，反思之后，他开始研究《火箭推进技术原理》这类书籍。他惊讶地发现，原来火箭的制造技术并非遥不可及。他将火箭拆分成无数小的组件，进而发现了火箭的成本比想象中要低廉。于是一切从零开始，经过千辛万苦终于在2008年发射成功，并且在后来的实验中解决了火箭重复利用这一难题。

在日常的住宅室内设计工作中，我们经常会遇到这样一个问题：家用的24小时热水循环系统总是要额外增加一路回水管管线，为了控制造价，我们在很多业主家里加装了一台厨宝对水进行二次加热。这样既节省了开支，也满足了即开即热的需求。

相信这个问题很多设计师都有遇见过，也采用了类似的办法，本质上这就是运用第一性原理的思维。我们为了达到快速获得热水的目的，从加热方式来说，不管是末端加热还是前端加热，只要达到即热的效果即可。于是，便有了厨宝这类解决方案。当然这个例子也未必就是完美的例子。

类似的设计案例还有很多，我们就不再一一列举了。当你遇到无法解决的问题时，记得回到事情的本源去寻找答案。

创意也可以培养

创新的根本在于思维互联。室内设计创新思维的培养需要我们保持对当下各种知识的敏感度。除了建筑专业知识，艺术品、文化、历史、时尚潮流都需要我们去关注。甚至当下的服装潮流、某个影视剧的配色技巧都可以是我们创作的灵感来源。假如你要去设计一个甜美系梦幻风格酒店，不一定要去看某大师的案例，电影《布达佩斯大饭店》的构图和配置可能会是你很好的灵感来源。对于流行文化的关注，可以让你的作品在视觉上有源源不断的新鲜感和时尚感。

中国设计师琚宾，在研究了大量的古代造园手法，游历欧洲并参观了许多建筑大师的作品后，在立面构成和平面布局中创立了很多经典的设计手法。在设计师李玮民的作品中，也有德国现代主义大师密斯·凡·德·罗设计的巴塞罗那国际博览会德国馆的影子，比如片墙、流动空间等。

借鉴再创新的例子古已有之。《西游记》的著作者吴承恩，年轻时阅读的《酉阳杂俎》《玄怪录》，对他的小说的创作起到了很大的作用。《西游记》中个性迥异的妖精、鬼怪的角色都可以在这些书中找到原型。

对于设计的初学者，不要想当然地以为完成设计方案是一场无中生有的过程。只有不断地学习前人的经验，才可以打通你的"任督二脉"，达到思维的互联，这才是设计创新的本质。

虽然创新是一个绵连不断的过程，但是我觉得做方案有这样两个比较实用小技巧——条件约束和数量累加。

条件约束

所谓条件约束，就是人为地增加方案难度。比如在一套方案里我们可以进行一些规则限定。

1. 材质限定。

例如，如何在不使用大理石的情况下，做出有石材纹路感的装饰？在这个过程伊始我们就要寻找替代品，比如最近几年常见的超薄石材，或者仿石材纹路的饰面板，两种都可以满足要求。

这需要我们建立一个材质信息的储备库。通过材质替代来解决类似问题。

2. 预算限定。

我们可以假定项目成本不可以超出每平方米 1500 元的预算，如果还想拥有护墙板的效果，那首先要思考的就是是否可以减少不必要的工序。比如护墙板装饰墙面，常规操作都是需要先进行木工板基层处理，这个项目会占掉一部分预算。那么是否可以节省掉这个工序呢？木制品安装的最大难度是墙面的平整度，能否通过其他方式，比如先用石膏板衬平，再用胶粘，或者直接用饰面板对表面进行处理，来取代昂贵的木制护墙呢？

预算限定需要设计师对家装工艺高度熟悉，并深入了解其背后的施工方法，通过节省工序、人工成本等来进行预算控制。

3. 时间限定。

有些朋友会说："这不就是客户经常提的要求吗？"客户常说："小伙子，我看你天赋异禀，一定是设计界的人才。来发挥你的才智，24 个小时给我一个解决方案！"

作为做方案最常遇见的问题，有时候真的不需要把方案拖得太久。如果你的时间充足，可以刻意给自己设定一个极限时间，比如 8 个小时内必须找出问题并用最快的速度解决。在常规的方案制作中，其实大部分时间都是在读图，社交软件上也会有很多精彩案例，但是在寻找的过程中就会不断地被无关内容带偏。

时间限定，是一种计划性的强制体现，有时候能否出一个好的创意就是看你是否能全身心投入，用专注当下来提高完成方案的效率。

数量累加

这种方法的本质是通过不断增加新的东西，最终筛选出一个好的结果。我们前面说到的时间问题会有这样一个误区，就是为了想出一个好的点子，总是不愿意下笔，结果耗费掉大量的精力。比较好的方法就是在某一个形式上进行大量的不重复的创作，比如立面造型的推敲、平面布局的规划。

拿平面图举例，如果局限在客户划定的范围内，可能一直没办法设计出好的方案。正确的方法是先不管结果如何，围绕一个平面提出 10 种以上的方案，再找出和业主需求最契合的方案进行优化。而且这 10 种方案每种还可以衍生出更多的方案。数量累加背后的逻辑就是将你的思维完全打开，通过非重复的创作使你跳出原有的思维框架。

当然这些方法也未必就是最好的，比如耗费时间较多、思考方向过于发散、不符合项目实际要求，以及自身的方案制作能力不足等都会是限制因素。但创意的模式还是要建立在专业领域的基本知识储备上，同时还要拥有更多的其他方向的视角，以及敏锐的洞察业主需求的能力，再随着自己的工作习惯进行调整，才是培养创意的更优解。

为什么要了解
人文历史

只有重新认识世界，如同古人第一眼看见这个世界一样新奇，我们才能
重构世界，守护未来。

——彼得·蒂尔

　　小时候周围总有这么一个人，可能是你的叔伯或者表哥，每当大家聚会
吃饭时，就拉着大伙开始讲历史趣闻。讲完后，总是能换来大家的啧啧称奇，
于是历史逐渐成了茶余饭后的闲人八卦。

　　很多设计师会疑惑：了解那么多历史风格，又不参加考试，客户也听不
懂，且很多都是没有实用性且无法借鉴的内容，有什么用呢？

　　起初的几年，我也有同样的疑惑，觉得家装设计都是实用主义，学习那
么多理论知识有什么用呢？但随着项目越来越多，对装饰风格历史的学习也
越来越深入，这让我逐渐理解了一些本源问题，也更好地理解了当代中国人
的生活方式是如何演进的。

　　对初入行的设计师来说，学习人文历史可以锻炼哪些能力呢？

人文鉴赏能力

设计始于艺术。以先秦的青铜器为例,后世服饰的纹样很多起源于青铜器上的花纹,这是中国抽象艺术的萌芽形态。从四川三星堆的圆口方尊到湖南炭河里的四羊方尊,中国古人对于物的抽象表达已达到了极高的水平。随着历史的更迭,这种抽象表达逐渐发展到绘画、书法领域,并赋予其特有的东方精神内核。

当下的新中式设计文脉便来源于此。了解了这些历史,便可理解中国艺术为何没有发展出西方的写实主义。古代文人讲"应物象形,以形写神",从传统的美术到园林景观,这种特质也成了中国文化的基因。了解了这些再来思考一下我们平常的工作,设计的元素也是用同样的抽象思维创造而来的。

设计师琚宾在很多场合都讲到过"游园"的概念,其本质上就是古代山水画的表现。在上海西塘良壤酒店项目里,园林的游廊设计、尺度与空间的把握和开窗的位置都是影响设计效果的重要因素。同时在平面的动线上,从小入口精心设置,到长廊的转折迂回、廊柱结构的优化配合、亭台楼阁的巧妙筑景都能看出设计师对古典园林的深刻理解。

学习西方的建筑历史,会让你在做当下热门的欧式方案时有一颗敬畏之心。如果你熟悉那段历史,会发现我们不能仅仅停留在几张护墙板、几个雕花的小装饰上。很多人在参观了法国卢浮宫之后,会无比惊叹原来我们一直"厌弃"的传统欧式是另一番景象。那些长廊上的雕塑、柱式、金色装饰是如此华丽与丰富。

无论是东方的园林,还是西方的建筑艺术,深入地解读经典,对于设计的作用远远大于你去抄袭几个所谓的"背景墙"。同时也更容易理解一些建筑大师和设计前辈的作品背后的意义。

理解设计的能力

哲学有亘古不变的三个问题：我是谁？从哪儿来？到哪儿去？将其套用在设计里则为：设计是什么？设计从哪里来？设计的未来在何方？这是三个非常简单却又容易忽略的问题。了解设计史、艺术史、社会史等知识，可以帮助大家更好地理解这三个问题。

以现代厨房为例，起源于20世纪30年代的法兰克福厨房，由奥地利设计师玛格丽特·舒特－里奥茨基设计，最初是为了给当时的公寓做好福利配套。他们通过摄像机研究了人与机器的协作，加入了工厂现代化科学管理的观念，计算出了最佳的厨房动线，才形成了当下我们厨房设计的原型。随着室内的排烟装置、各类灶具的演变，随后几十年现代厨房设计发展迅速，并改变了无数人的生活。

但是带有极强功能性的德式厨房为什么没有在欧洲之外的其他地方流行呢？这背后的原因需要我们翻开欧洲的社会历史来寻找答案。在欧洲的中世纪，除了少数贵族，普通大众的家中大多没有像样的厨房。一间民居将客厅、卧室、厨房集合在一个空间中。

在我国，从汉代的民居开始，厨房就处于一种独立的状态。在出土的汉代民居模型里都能找到独立厨房的原型。到了唐宋时期，其布局、形制都有了明确的分类。从《清明上河图》中也可以看到，很多民居里都有独立厨房的设置。

到了清末，厨房内部的分工就更加明确。出现了多个眼灶和独立烧水的炉子，木质案台则具有现代厨房操作台的功能。同时还会有大量的储物柜，以及各种储藏腌制食品的陶罐。虽然在排烟效果和光线环境方面有些缺点，但从功能上来看，传统中式厨房比西式厨房在形式上更适合中国人的烹饪习惯。

然而，现在诸多室内设计师生搬硬套西式厨房的布局，户型面积的分配标准也较为陈旧，使得厨房的面积较小。最近几年的户型改造中经常出现中厨和西厨的双功能布局，其背后的原因正是中国人的生活习惯逐渐被室内设计师重新挖掘出来，这是一种传统生活方式的回归。

了解专业的历史知识，只能帮我们解决小范畴的问题。只有跟人类社会的历史发展脉络结合，才可以让未来的设计走得更远。放宽知识视野，总比蜷缩在一个小世界里要好得多。只有对人类历史有深刻的理解，才能够激发出更有内涵、更符合当下和未来的设计思想。

启发设计灵感的能力

很多朋友做了几年的室内设计工作后，会有这样一个感觉：似乎离开了参考图，方案就没办法进行下去，自己设计的方案与参考图的差别也越来越小。最近几年的视觉效果图同质化严重，很多比赛评委一拿到作品就大呼头疼，因为根本无法分辨出哪一件作品是谁设计出来的。这背后的深层次原因就是设计师过度依赖既有的案例，缺乏有创意的想法。

了解艺术和建筑历史是启发设计灵感的绝佳手段。历史上有大量的作品，在构图、配色方面都有许多有趣的元素。美国建筑大师赖特除了流水别墅，另外一套作品——恩尼斯特别墅也相当精彩，从窗户的花纹到室内的雕花柱体，整个建筑使用了大量的玛雅风格的装饰元素，同时由于混凝土和花岗岩的使用，让整个别墅体现出一种浓浓的神秘主义色彩，同时还兼具未来建筑的特殊气质。大量的影视剧作品在这里取景，比如前两年爆火的《权力的游戏》。

对于历史文化的熟悉，不仅对室内设计领域有很大帮助，对其他设计行业也有很大裨益。前几年大火的游戏《纪念碑谷》的设计灵感，来源于荷兰插画艺术家埃舍尔的作品。他的绘画可以让人深刻体会到几何感、光学幻觉和形体渐变的魅力，这些元素被大量解构，并做成游戏中各式各样的迷宫。游戏所呈现的质感让其脱颖而出，在游戏过程中会让人有一种进入了异度空间的错觉。

设计师长期阅读经典，不断积累视觉信息，并存储在大脑中。所谓的"灵感"正是这些素材被无意识地再次激活。设计方案过程中的思维枯竭，正是知识匮乏的体现，大量地研究经典会不断强化视觉记忆。那么作为一遇到文化课就头疼的设计师，历史又该如何入手呢？

人文历史由于脉络庞杂，学习起来还是有一些困难的，在日常工作中，我们以什么样的方式学习呢？我认为有以下几种方式。

首先，合理利用碎片时间。在当下这个时代，了解任意一门学科的内容都有很多方式与渠道。比如网络上的音频、视频、文字，可以在乘坐交通工具、上班的闲暇之余，利用这些碎片时间进行学习。虽然不够系统，但是如果只对某一个门类进行长时间碎片学习的话，还是会有一定的效果。

其次，在某一段时期只了解某一个方向。例如用一周或者一个月的时间从政治历史、技术历史、宗教历史、艺术历史等方面全面了解美式风格，最后再汇总到室内风格的历史。反复去寻找同一时期各个角度的观点，最终就会搞清楚，所谓美式设计到底是一种什么样的风格。当年我一直不太理解美国的居室中为何总是有一个壁炉，在自己的方案中总是随意地将其作为背景墙来使用。后来偶然看到了一本关于欧洲生活发展史的书，才知道原来这种美国人的生活方式来自英国的民间传统，他们的家庭活动多以壁炉为中心。从此之后，在自己的案例里不再出现"将电视塞进壁炉"的奇葩背景墙。

再次，历史的学习有助于厘清各种脉络。以设计史为例，如果我们只是在学生时代，单纯地记住了人物、时间、地点，这是没有任何意义的。因为这些东西对我们的设计工作没有任何帮助。我们要理解的是事物发生的逻辑，比如要了解平面设计的推动，只看专业历史知识是远远不够的，我们要去看是什么技术推动了这个行业的发展，结果你会发现海德堡的印刷机是现代平面设计发展的重要推动力。

如果不了解社会发展史，就不太好理解为什么现代建筑到 20 世纪初才出现。现代建筑的发展是因为诸多科学技术的成熟，比如钢筋混凝土、玻璃等的出现，早期由于城市水污染严重，导致瘟疫肆虐，而化学的发展实现了自来水的净化，这些都为后期住宅发展奠定了基础。同时，更加成熟的住宅系统、供电系统的发展、空调的发明与使用，才让居民生活有了质的飞跃。

这一切的发展表面是设计的发展，背后却无处不是技术与文明的双重变奏。

最后，通过梳理水、电和建筑的关系，我们可以找到各个环节的脉络，最终更好地理解现代室内设计的产生原来不是一个偶然，而是各种因素共同作用的结果。我们再从这个角度来看当下的新技术，比如人工智能，就不会出现我们会被机器设计取代的恐慌。技术最后都会成为设计进化的一个组成部分。未来的人工智能极有可能缩短施工时间，完成一些普通人手工无法完成的设计，并提高效率。

在最近这几年里，大家也很明显地感觉到，"难看的设计"越来越少，设计与设计的差异也在逐渐缩小，为了建立新的设计逻辑，创造出新的需求，向历史学习也意味着向未来看齐。

设计落地
靠管理

空想无法解决问题，抓住确定性才是良方。

——丹尼尔·伯勒斯

如果设计仅仅停留在纸面上，那顶多是一个想法。如何把想法落地才是设计工作真正的开始。运筹帷幄之中，决胜千里之外，设计师作为整个室内项目的主导人，需平衡工程中各个环节的利弊关系，而这绝不是靠"点子"就能解决的，还是要依靠成事的能力——设计管理。

大部分设计师早期都经历过绘画学习的阶段，骨子里都带着一种随性而为的洒脱。到了工作中，这可能会对项目管理产生一定的阻碍。而管理的核心就是以落地闭环为目标，突出优势、规避劣势。我们可以把项目管理工作分为三个板块：方案团队管理、产品体系管理、工程施工管理。

方案团队管理

合作共赢，统筹提升综合效率是方案团队的工作核心。大部分设计师的问题就是缺乏计划性，团队管理上的缺失，会使设计师养成不好的工作习惯。

很多设计师工作多年，个体独立意识强烈，不会团队协作。殊不知人的精力和时间有限。在初期项目较少的时候，你尚可以应付自如，一旦进入快节奏的工作中就会手忙脚乱，常常顾头不顾尾，大量的时间被浪费在了制作流程上，导致设计的广度和深度不够。如此往复多年，方案难以达到更高的水平。

那么如何搭建一个好的团队呢？

一个项目，在前期商务谈下来之后，主案设计师进行方案构思，效果图团队进行视觉展示，深化团队进行效果图制作，驻场设计师负责后期的现场答疑，同时建立起完善的学习晋升制度来补充整个团队，最终形成团队内部正向的循环。

在这个过程中，设计工作也要排期。与业主达成一致后，从后续的节点安排，到项目平面具体完成时间以及效果图进度、施工图提交节点、预算报价的制作和汇报方案日期的确定，这个过程中要想有执行力，最好的方式就是量化，以表格的方式将工作记录下来，实施节点闭环。

同时，团队管理要让每一个人都能起到相应的作用。主案设计师，要学会放权，把不重要的任务的决定权放下去，提高决策效率。设计行业上下级关系不同于其他职业，它更像传统的"师徒制"。这种松散的制度，导致执行力较差，很多标准无法量化。

方案团队的建设只有围绕计划性和执行力两个方向不断地打磨，才能保证方案的稳定输出。过了第一个阶段，就进入我们至关重要的产品阶段。

产品体系管理

室内设计方案的落地最终是通过几十种产品的协调搭配来实现的。如何建立一套高效的产品体系，是需要设计师不断打磨的。从之前的项目经验来说，如果配有专门的产品设计师单独进行产品的把控，会得到一个事半功倍的效果。

这个职务主要的任务就是负责整个产品的统筹协调，确保后期的安装配送节点准时保质，以及各类产品的送货安装，并解决室内产品的相关售后问题。

但设计师并非完全置身事外。一个完整的项目中牵扯到的主要材料有几十种之多。大家都会有一个感受，很多时候错误都发生在不同产品的交接处。比如在木制品安装阶段，常出现平整度、色差问题，以及衔接的时候出现的各类功能冲突。

产品体系管理除了协调产品安装流程问题，在产品运用上也需要有一套完备的思路，我觉得设计师对产品的运用可以分为"三重境界"。

（1）见材用材。设计师初入行的时候，总是想要寻找各种新奇的装饰材料，想着靠这些让自己的作品在市场上大放异彩。他们在产品搭配上也是怎么大胆怎么来，追求新奇，但是这样往往不能长久，作品时效性太强。比如前几年流行的所谓"港式"，在后来的使用中出现高光材质的眩光，以及打理不便的情况。

（2）因材施材。工作几年之后，你会逐渐意识到，每一种材质都有它的使命。于是我们开始有的放矢地使用材料，不再进行纷繁的堆砌，而且还会努力思考更加合适的材料配置。比如要做一个侘寂风的室内设计，有斑驳时间感、带有一定肌理的朴素材质都是不错的选择。这一阶段的重点就是找到最适合的材质并将其融入方案。

（3）万物皆材。这是材料使用的最高境界，处于此境界的设计师可以通过自己的认知，把世间一切的材料变成自己的设计语言，将其搭配运用在空间中，无关乎成本，无关乎造型。这个阶段，设计师基本上对各种材料的感知已经非常强烈，可以任意搭配并变通。

这三种"境界"的本质是设计师对各种材料的深刻掌握与了解。室内设计的新材料有千千万万，但是归纳一下，常用的不过是其中的极少部分。而作为设计师则是要把常用的品类做好细分、留档。建立一套完善的产品体系，可以让你在项目落地的后端环节省掉很多心力，从选样到品控都能事半功倍，也为后期施工衔接打下基础。

工程施工管理

如果你问一个设计师，室内设计中最难的环节在哪里，我估计八成会说施工环节。不同于其他设计，室内设计要与施工方紧密衔接，因为方案的效果，最终要靠"手艺好"的施工团队来实现。

工程施工有以下几个特点：

（1）施工人员多，各司其职。工程施工涉及水、电、木、瓦、油，以及机电设备安装，单一工种无法完全理解整个案子。

（2）现场多样化。室内施工因为业主需求不同、场地不同，经常出现新的问题。这些问题要靠既有的施工经验来解决。

（3）周期长而复杂。室内改造项目少则几个月，多则要经历1~2年的时间，这其间从施工到业主，都有可能发生变化，内耗较多。

这也是很多纯设计的公司，为什么虽然拥有很多好的想法，但是到最后却因为施工方水平的不稳定，最终导致项目失控的原因。

施工管理不同于设计阶段的天马行空，是需要一套完整的科学管理流程的。设计师就是提出最终标准，并对结果进行监督负责的人。所以设计师无论是自主创业成立设计事务所，还是在大公司工作，都需制定完备的施工规范以保障我们的项目顺利落成。施工管理问题是市面上大量的中小型设计公司绕不过去的痛。另外工程项目越复杂，越考验设计师和项目经理配合统筹的能力。

除了这些基本的管理，项目施工管理还需要进行大量的沟通。作为总的负责人要理解施工方的利益诉求，权衡各方需求。这也是工程当中最难的一部分，无数公司都在研究标准化之路，虽经过这数十年的发展，却依然距离预期很远，工地施工的随意性，施工人员综合素质参差不齐，以及增项问题，不断上行的人工费用，这些都使得标准化之路愈加难走。大型平台公司在这些方面，虽然不能做到百分之百到位，但是经过多年打磨，也储备了一些解决问题的经验办法。

前几年，我们总会听到这样的议论：某设计师工作多年，工地几乎都不去，全靠工人拿着图纸自己搞定，甚至远程施工，对此我抱有怀疑态度。

　　一个项目从前期的土建、设备进场、水电施工，到中期的木工对接，再到后期的瓦工铺贴、油漆工选色、定制品对接，总会出现各类不可预知的问题。初学者从实践中才能学到更丰富的经验，也能及时发现问题。爱去现场的不一定是好设计师，但不去现场的设计师必然不是好设计师。我比较认同许多尺寸比例细节，只有在看到的时候才会带来好的设计。图纸判断很多时候都是在模拟的世界里进行，会产生误判，现场感会让我们的方案更加精确。

　　俗语云："谋定而后动，知止而有得"。意思是做事一定要先做规划，知道最终的目标才会有所收获。而室内设计的整个过程都伴随着各种不确定性，任由自己的感性理解随机出牌，多半是做不好项目的。设计师必须要懂得用项目的管理思维，只有做好规划，才能让方案完美落地。

选择一个好的工作平台很重要

在不同的际遇中，学习所有能学习到的最高标准，从而获得理解与洞察的能力，这是我一直以来坚持的长期主义。

——张磊

不知道从什么时候起，在设计圈有这样一种说法"家装公司无设计"，并且这在很多地方似乎成了一种"共识"。这里有大量的历史原因，也有家装公司的"自黑"，还有一部分原因是家装设计行业早期的粗放发展给客户带来的不好印象。

在 20 世纪的最后十年，随着商业地产的发展，全国一线城市的装修市场开始萌芽。但由于装修行业的前期环节复杂，导致了工作的透明度很低，再加上初期行业门槛较低，这个阶段的业主们也是初次购房，大量的业主在初次装修中得到了很多教训。也由此，室内设计行业被贴上了很多负面的标签。

但随着商业地产的发展，住宅室内设计也在不断完善，很多设计师也在不断出圈，装修设计逐渐走上正轨。社会化、信息化的透明性也使一大批偏向于专业路线的公司发展下来。

作为初入行的住宅室内设计师，如何挑选自己的第一家工作的公司呢？我觉得可以从外部评价和公司规模两个维度进行判断。

外部评价

网络时代查找信息的便利性，使我们在筛选公司的时候更具优势，行业的内外部评价也是了解公司的最优路径。

首先可以参考客户维度的评价。网络上留存着无数公司的前世今生，从发展历史到宣传作品都会在网络上留下各种蛛丝马迹。客户的意见是评判公司水准的一把标尺，如果一家公司不能对客户负责，那么更别谈对员工负责了。同时可以关注公司以往培养过哪些设计师。设计师的品质可以最直观地反映出一个公司的整体价值，且能反映出企业文化能营造出怎样的"土壤"，以及如果你来到这里未来可以成为什么样的人。选择一家有社会责任心的企业，远离那些具有大量负面信息的公司。

其次可以参考同行视角。寻找一些业内公司，来观察他们之间的相互评价。因为没有人比对手更了解自己。还可以拜访一些行业的前辈，参考双方的评价。可能对于大部分新人或者刚毕业的学生来说，从外部评价得到的信息不太准确，或者有困难，这时就可以通过公司规模来进行选择。

公司规模

目前住宅装饰公司的规模可以分四大类：全国性公司、区域龙头公司、知名设计公司、小型设计公司。

全国性公司和区域龙头公司商业化程度高，拥有自己的企业文化，在各地都有与之匹配的大量客群，业务相对较为稳定，基本都拥有很系统的设计模式。但是作为商业服务大众的公司，对应聘者的工作年限和设计沟通能力要求都比较高，工作压力大，节奏快。初期新人几乎没有经验，都要从设计师助理做起，初始收入偏低。

进入设计师阶段后，按照项目的提成进行调薪。在工作几年后，随着案子的体量变化，收入会逐渐增加。对新人来说，这类大型公司的优点在于学习机会多、制度完善。如果想学到相对完善的住宅室内设计流程，这类公司都是首选。但是这类公司的缺点也比较明显，由于其以产值数据为导向，良好的沟通在初期会是一个好的加分项，同时也会受制于公司的制度来进行部分产品的"带货"。

但是，对于营销设计师要正面看待。作为商业盈利公司，必然会使用营销手段将自己包装出去，以此来获取更多业务，同时也会配有独立的商务设计师来完成商业谈判部分，以分担设计师商务方面的薄弱项。

知名设计公司的高端项目较多，业务组成复杂，不局限于家装，设计自由度相对更加开阔。但是这类公司内部管理有随机性，规范程度不一，分工相对明确，岗位较为固定，普通员工薪酬长期维持恒定。创始人的思维往往会带领整个团队，他的个人意见也会影响项目走向。此类公司的风险在于主案团队无法自主，以及个人标签极强的平台是否有持续运转下去并不断平台化的机制，否则就会变成大型工作室。知名设计公司在招聘中更喜欢应届生，从"白纸"开始培养属于公司自己的价值观和设计手法。

对于各种小型事务所、设计公司，新手则需要慎重甄别。由于这类公司基本都偏向于几个人的合伙，其实并不适合新手，新人工作初期最重要的是行业规范的建立。小公司在规范上基本是缺失的，整个业务组成也依赖于老板的私人关系。当然，也不能"一棒子打死"，有无数大师的团队都是从小公司发展起来的。但是对于刚毕业的新手来说，选择起来最为不易，如果倾慕于某一家事务所，可以考虑入行几年之后再来判断。选择小型事务所和设计公司的优点是由于公司体量小，前期开出的薪资水平会稍高一些。

大公司在行业内摸爬滚打多年，机制完善、分工明确，拥有相对规范的管理机制。在后期项目落地过程中，从施工落地、商务谈判、后续产品材料衔接和监理环节，都能学习到很多知识，可以帮新人迅速建立起一套完善的整体认知。

另外，大公司的光环效应吸引来了各类行业的人才，这些人员也带来了更加正向的工作氛围。大公司内部互相交流多，还有大量的内部培训，对新人初期快速积累经验能起到助推的作用。

除了成长和管理优势，大平台还拥有良好的客户资源。设计是为人造梦，家装作为商业活动，资金投入占比势必会影响最终的效果。一部好的作品，往往要倾注很多人力、财力，以求得到一个好的结果，当然我们不否认小成本也能创造经典，但那并不是普遍现象。

同时，优质客户普遍拥有更高级的审美，对最终作品呈现有很大的助推作用。好作品能不断吸引更多人的关注，带来的宣传效果，最终像飞轮效应一样，不断地正向循环。

好的公司和平台会给我们的日后发展铺平道路，新人早接触系统体系，在未来的发展之路上就会少走弯路，选择大公司从某种意义来说就是选择了一种价值观。

沟通也是设计的
一部分

用语言表达设计，是另一种设计行为。

——原研哉

前几年，家装公司把设计师分成"销售型"和"设计型"两类，很多初入行的小伙伴困惑于自己到底要做一个什么样的设计师。

我觉得将设计师分为两类本就是没有必要的。日本著名设计师原研哉曾说："用语言表达设计，是另一种设计行为。"室内设计服务是自始至终都要与人打交道，并且把自己的方案通过语言表达出来，最终与对方达成一致的过程。如果在这个过程中通过销售话术来"套路"业主，在早些年可能还能实现，但是在最近几年已经越来越困难。

室内设计师需兼具沟通能力和设计能力，所谓的销售不过是其工作中的一环，不必放大其重要性，也不必为自己不擅长营销而感到苦恼。我们要做的是通过与业主深入沟通，实现情感共振，识人冷暖、知人所求，而不是以营销为核心。

沟通的重要性

不管从事什么工作，沟通都是必修的课程。如果设计师连自己的方案都无法表达清楚，那么是难以胜任这项工作的。完整的方案涵盖很多细节，从平面规划、效果展示、主材搭配、预算配置到软装落地，每一个环节，都需要我们讲解给不同的人听。

业主需要清楚自己的设计费花得值不值，解决了什么问题。助理团队只有明白设计师的设计意图，才能将他的创意落实在图纸上。项目经理只有理解了设计师的设计要求，才能精确施工。假若有一天你需要站在台上解说你的项目，那么你要能把你的新理念分享给同行。

设计师要具备良好的表达能力，要能把专业知识化繁为简，让内行人和外行人都可以听懂，这是交流的重点。由于大学教育对此并不是很重视，也缺乏设计实践，以至于毕业生一入行，对职业规划比较迷茫，不会与人交流，不知道沟通表达从何学起。

在我看来，设计沟通可分为对象、目标、逻辑、场所四大要素。

（1）对象。设计沟通不同于买货、卖货，其问题核心是解决客户的需求。所以，在每一次沟通之前，设计师都要了解对方的身份、年龄、喜好。与老人沟通和与孩子沟通的方式不同，同样，与女性客户沟通和与男性客户沟通也存在诸多不同。在斟酌之后，要注意自己的语速、语调以及用词。比如有些客户不爱听专业词汇，而有一些就特别喜欢数据分析，刨根问底。

（2）目标。要考虑好我们对话的目的，是为了解决方案的某一个功能问题，还是要和对方沟通墙面装饰的预算，或者为了签订合同敲定项目施工日期？每一次对话都不要忘记本次会面的目的。

（3）逻辑，即设计思维的构建。当你要解决卧室收纳问题时，首先想到的是储物功能；其次是形式，比如衣柜、斗柜、边柜；再次是细分孩子的衣物、女主人的衣物、男主人的衣物，挂的多还是叠放的多。格局方案敲定后，再进行比例、尺寸、材质的选择。每一个单独的问题都可以按此方法不断延展，并且分解下去。这就是典型的金字塔结构。

（4）环境，是指设计表达所在的场所。比如你是在众人面前汇报项目，还是在小范围内对私人的展示，这些都要采取不同的沟通策略。在公众面前讲解，要侧重于听众的感受以及决策人的态度，还要考虑措辞的严谨。私人展示则更倾向于私人化、通俗化的表述方式，但是也要因人而异。沟通还要根据环境的气氛选择侧重点，如在嘈杂的环境里不适合进行细节推敲，安静的环境则更加适合娓娓道来。

至于语言技巧，我觉得可以按照个人的习惯来掌握，有的设计师说话强势、直接，就需要收敛一些。有的设计师语气轻柔和缓，则要注重沟通时的原则性，在很多时候要坚持自己的专业意见。

沟通方式不必拘泥于某一种形式，好的交流一定是建立在相互信任的基础上的。设计师虽然不能完全做到与甲方感同身受，但是要切实地站在对方的角度考虑沟通内容，这样才会达到好的效果。

方案演讲能力

很多人一谈到演讲，心中就会异常恐慌。大多数情况下，汇报方案少则一个人，多则数十人（部分招投标人员较多）。梳理出一套演讲的逻辑是每个人的必修课。

讲方案最好的工具是演示文稿软件（PPT）。一个条理清楚的 PPT 文件对于设计师来说就是神兵利器。在任何慌乱的时刻，只要看一眼准备好的 PPT 文件，就能串联起整个方案的脉络以及重点，思路瞬间被拉回，引导你朝着既定的方向描述。

一套完整的 PPT 文件可以分为五个部分，包括概念讲解、平面分析、效果展示、软装配饰、产品用材。

（1）概念讲解。通过图案、诗词、文化符号等形式，结合具体的情感以及幸福、甜蜜、温暖的语言，着重讲解整个方案的立意和理念。概念讲解部分就像一篇文章的前言，在这部分要告诉你的听众，方案的出发点以及整个方案的梗概。

（2）平面分析。结合业主生活方式进行动线规划，包括社交动线、礼仪动线、家务动线等，重点讲解项目的拆改和规划。这个环节能体现设计师对整个空间的把控和优化，以及如何解决当下空间存在的问题，比如采光、通风、空间过于狭小等。

（3）效果展示。表现方式主要有效果图、三维模型（SU）、彩色立面。最近几年还流行如 360° 全屋漫游等多种方式，用充满视觉吸引力的图或者影像可以更直观地把你的方案展现给客户。

（4）软装配饰。将效果图中呈现的所有配套家具，用图片的形式进行展示，主要目的是让甲方更直观地了解实体家具。

（5）产品用材。方案中所涵盖的材质，都要在这里有所体现。除了图片展示，将产品用材做成物料板也是一个不错的选择。通过这一环节还可以展示整体方案的预算结构。

一个完整的方案就像一个引人入胜的故事一样具备起、承、转、合几个部分。概念属于故事"起"的部分，平面方案则作为"承"的部分，视觉效果的制作就是"转"，最终的综述报价提出下一步的计划等就是"合"。

大师们的方案讲解或者 PPT 文件很多都具备这些特点。比如，华人建筑大师贝聿铭先生的美秀美术馆就带有浓浓的故事色彩。为了不破坏当地的自然环境，贝先生因地制宜地将整个建筑全部建于地下。在美术馆的入口设计上，为了制造趣味空间，运用了充满故事性的手法，他借用了晋代陶渊明的《桃花源记》，打造了一条极富创意性的参观路径。进入美术馆要先经过一条长长的山间步道，200 米后再经过一道桥梁，然后眼前是一片开阔地。正应了诗句里的意境："初极狭，才通人，复行数十步，豁然开朗。"

对于新手而言，借助 PPT 文件讲好方案，并把内容逐渐内化，这样在"脱稿"之后，依然可以有条不紊地把设计逻辑讲清楚。

学会倾听

所谓的专心倾听可不仅仅是听人讲话，可以从以下三个方面理解倾听。

（1）打造良好的、方便交流的氛围，让别人愿意开口。倾听者尽可能地不要触碰手机，避免走神，给对方一种尊重感。在沟通的时候注视对方的眼睛，让对方有一种被关注和被重视的感觉。把主场交给对方，时刻让对方觉得自己是话题的中心。就像心理咨询师一样，没有攻击性，语言和缓，不咄咄逼人。

（2）学会读懂对方没有表达清楚的话外音。留意对方关于生活的态度、说话的内容。明确自己是帮对方解决问题的。同时要关注隐藏的信息、抛开干扰的信息。假设对方的问题有数十个，那作为设计师，就要抽丝剥茧不断地进行取舍。缩减问题的类型和范围，同时增加我们提供的可选项。在这个过程中，要寻找问题的底层原因。

（3）要有同理心，关注对方的情绪变化。观察对方的关注点是否有变化，最核心的就是找出"适合感"。

"适合感"类似我们常说的中庸。很多人认为中庸就是无为，其实并不是，对住宅室内设计来说是寻找合适的解决问题的方式。这需要设计师建立一种灰度认知，要认识到这个世界并不是非黑即白的。

这三个方面看似简单，却需要设计师大量地学习与实践。在日常工作中，经常会遇见设计师在前期找了很多图片，出了几版方案，在多次修改之后，业主依然对方案不满意的情况。这个时候，也许抽象的方案已经无法满足他们的需求，我们可以先从市场上已有的家具入手，对方案进行倒推，确定好一部分后再来把握整个方案的方向。由于人与人的生长环境不同，对事物的理解也不同，大家对同一事物的看法往往也大相径庭。学会深入沟通，充满耐心地寻找客户对家的需求对设计师来说非常重要。

就像"和菜头"（网络写手）说的："倾听之所以是一种美德，原因就在于它照顾了人性脆弱的时刻，用关怀、理解和支持，替代了逻辑和理性。"

学会提问

业主："我不接受北阳台放洗衣机。"

设计师："您为什么不愿意放在北侧呢？"

业主："因为北侧没有阳光直射，不能杀菌。"

设计师："那您把洗衣机放在南阳台会影响美观，能接受吗？"

业主："也不能。"

设计师："杀菌的方案有好多种。自动衣架、带烘干功能的洗衣机都可以解决北阳台没有阳光的问题，还能兼顾南阳台的美观。您看怎么样？"

业主："可以！"

通过简单的模拟对话，我们会发现，客户并不是抵触在北侧阳台放洗衣机，而是在意是否能够对衣物进行杀菌。所以，我们的方案不必拘泥于某个既定框架，可以尝试其他方案。

人的思考过程分为别人的意见和思考的结果与自己思考出来的意见和结果。由于两种思考都受直觉影响，这个时候就要开启批判性思维的方式。

如果业主说自己不喜欢红色，那么设计师要做的不是马上进行排除，而是思考什么样的红色更加合适，是橘红、朱红还是深红？这个时候我们是否有必要拿出几张图片给对方看一下。

比如在早几年，我们经常会问客户喜欢什么风格。如果业主表示他喜欢新中式，你可能要花半个月时间，找无数的中式元素，做一个高端大气的新中式装饰方案给业主。结果业主拿出他青睐已久的某品牌家具，你一看是原木色的家具。原来在业主的意识里，木色家具就是新中式家具。

避免此类问题的最好办法就是把问题不断地具象深化。当然，遇到不爱表达的客户，对话提问不能变成咄咄逼人地审问，不能带有攻击性，要讲明白我们的目的就是帮对方找到问题。只有找准问题，才可以让方案更加高效地推进。

解决核心问题，让业主心动

如果说理性表达是设计师的武器，那么感性思维就是甲方的软肋。每一位用户都存在感性右脑和理性左脑，而表达的终极目标就是用你的理性思维激发出对方的感性思维，并最终说服对方。

室内设计虽然表面上解决的是功能的问题，却藏着浓浓的情感性特征。美国经济学家丹尼尔·卡内曼说过："感性细节掌控理性大局。"

看似理性思考的人们会不自觉地进入感性的圈套里。一位年迈的父亲给远在海外生活的孩子装修一套房子，寄托的是一种对孩子归来的渴望。女儿为母亲的一张床垫废寝忘食，寄托的是对母亲的感恩。三口之家选择不要电视的客厅，寄托的是父母对孩子学业有成的期望。现实需求背后藏着的是感性思维，是人们内心深处的情感表达。

1963 年，美国第 35 任总统约翰·肯尼迪遇刺身亡，肯尼迪图书馆成了为纪念总统而拟建的重要项目。密斯·凡·德·罗、路易斯·康、贝聿铭三位设计师被推荐给肯尼迪的夫人杰奎琳，而最终拿下这个项目的却是在当时既年轻又没有名气的贝聿铭。贝聿铭在杰奎琳到来之前，精心研究杰奎琳的喜好，并把事务所做了精心的布置，用充满东方气息的礼貌赢得了杰奎琳的赏识。

杰奎琳虽然对这个项目很重视，但未必要找当时的大师，她希望的是能为自己寻找一种对亲人的情感寄托。我深信，贝先生打动杰奎琳的不仅是方案的出色，更多的是他对这个项目情感上的倾注，并让对方深深地感受到，他对这个项目的专注程度。

我并不想去夸大情感在设计中的作用，但是它作为设计师与客户沟通的润滑剂，有助于设计师找到客户内心真正的需要。

不要被风格
迷惑

> 我们身处什么样的建筑，就会看到什么样的世界，我们看见的世界，决定了我们将成为什么样的人。

——莎拉·威廉姆斯·戈德哈根

很多住宅室内设计师在工作中会有一个误区：谈方案必谈风格。虽然这样的用词在甲方客户那里非常吃香，但是室内设计风格近几年更新换代相当快速，从新古典主义风格到现代美式风格，从都市自然风格到盐系风格，从后现代主义风格到现代轻奢风格，似乎设计圈里叫得出口的风格都有一种逐渐被时代唾弃的趋势。

"风格"本质上是一种约定俗成的形式，有利于业主理解我们所塑造的方案特征。专业设计师要始终有一个认知：风格是设计的结果，并非设计的目的。

对于网络上的各种风格设计师要辩证地看待，要客观地看待每一种风格的变化，并了解其出处和脉络。

中国当代室内风格的产生

21世纪初期，中国室内设计还缺乏规范化流程和审美标准，主要是借鉴西方的装饰风格，通过不同风格元素的堆砌归纳，来达到一种装饰上的平衡，提升视觉效果。

在这个阶段的设计项目里，如果要做美式乡村风格，那我们的具体方法就是通过各类建筑书籍，找到符合这种风格的建筑装饰元素，总结出逻辑自洽的设计理念。然后，再将装饰共性提炼成各种符号，比如壁炉、印花壁纸、亚麻窗帘、做旧实木家具、布艺沙发、铁艺灯具等。总结之后，就组成了完整的设计方案。

这样的工作方法，对早期中国当代室内风格的形成起到了助推作用，比如戴昆老师早几年的美式作品。这一时期的风格大都来源于建筑风格。由于方案制作便捷，做出来的效果很有装饰美感，因此这种逻辑就被大多数从业者效仿。于是就出现了一些光怪陆离的作品，比如硕大无比的壁炉里塞着一个电视、满墙的小碎花壁纸所塑造的秘密花园等。

随后几年，大量的室内美图随着移动互联网的发展被推送到人们眼前，大家对外界信息的获取也更加便捷。同时装修的受众也开始对以前的风格有了新的思考。新一代的设计师正在经历一个去风格化的过程。

室内设计的传统与现代

强调风格自然就会忽视生活化的细节。当你知道路易十四偌大的皇宫里居然没有像样的马桶，用的纸巾竟然是鹅毛时，一定感觉不可思议吧。

虽然每个设计师都是从"风格"出发，但工作几年之后，你会发现当下的风格体系对设计方案的指导有太多的局限性。

古代建筑风格都是经历数百年发展才最终定型，而现代室内设计在全世界范围内不过百年。近代工业革命的发展，使人类的城市化进程不断加速。供水、空调、卫浴、厨房等系统的内部设施的完善，促成了住宅建筑设计的飞速发展。单独去强调所谓的设计风格是非常不准确的。

包豪斯是现代主义的理论开端，工业发展促使其最终成形。随其多年的发展，社会思潮都受到了它不同程度的影响，并产生了各种流派。但现代主义思潮的土壤始终没有发生改变。现代思想与传统思想的不同，导致创作手法和设计目的大不相同。就像室内设计师葛亚曦老师说过的当下中国人做的中式风格其本质上不是中式的现代，而是现代的中式。

另外，传统风格带有强烈的地域性和民族性。这些传承数百年的文化特色，都是经过了时间的锤炼，才走到今天的。其背后的本质是人类社会生活方式的演变，比如传统中式住宅以院落为单位，而有些人，在一套现代主义的户型方案上改了几笔，加了个玄关，就说是中式风格，并称自己是传承国人居住生活的典范，真是滑天下之大稽。

学习室内设计不要过分迷恋所谓的流行风格，比如近些年的多元化设计，让所谓的欧式风格和新古典主义风格失去了价值，很多自认为擅长这一类风格的设计师没有从根本上理解古代欧洲人的生活方式，以为加几个典型造型，改几处比例就可以把"法式宫廷风"做得原汁原味，其中的护墙板雕花之类更是不符合实际。

欧洲皇室当年所留下的宫殿雕花全是手工打造。当你在法国卢浮宫游览的时候，会发现这些装饰原型和国内的有些模仿品有质的区别。这些古典装饰是时代的产物，不是随便就可以被模仿出来的。在实际的工作中，当遇到风格的问题，你可以先辨别一下这个是源自传统思维更多一些，还是源自现代主义更多一些，然后再从这些方向上寻找装饰元素，最后再进行演化、推演。

风格变化的背后是生活方式的改变

大家在欣赏国外设计师的作品的时候会发现一些特点，视觉上似乎没有规律可循，无法用一个明确的风格标签来归纳。他们大多采用一种混搭的方式来呈现作品。其材质的混搭之广、装饰元素之多，有的时候令人惊讶。

抛开视觉手法不谈，欧美的居家住宅，带着深刻的业主记忆，而且个性化十足，能从中感受到每一位家庭成员浓厚的兴趣爱好。室内设计甚至能体现他们各自的性格特点。

学习住宅室内设计，应将重点放在理解设计作品对业主生活需求的呈现上。比如艺术品的摆放、做旧的饰品等，都带有极其浓烈的个人特征。新手设计师应该更多地研究人的生活行为需求，比如研究入户玄关、照明设置、材质搭配、收纳方式时，要以解决功能问题为中心，其次再去思考如何做出更好的视觉效果。

每一种视觉效果背后都要有对生活方式的思考，那么又该如何去理解生活方式呢？我觉得生活方式是人心理诉求的外在表现。按照这个逻辑，可以把人在空间里要满足的生活心理需求概括为四个维度，即基本生理需求、安全舒适需求、社交情感需求、自我实现需求。

基本生理需求

这个需求是我们最基本的生理需求，比如用餐、睡眠、如厕。作为最基本的本能行为，吃饭补充能量、休息补充体能是人类生存的基本要素。在日常的工作中，我经常会告诉客户，客厅有的时候并非设计的重点。

心理学表明，一个人在饥饿状态之下，情绪会极度不稳定，会更加容易暴躁。方便的厨房可以让我们在下班后及时填饱肚子从而产生幸福感。每一个清晨起来，使用略带清新气息的卫生间总是一件令人愉悦之事。劳累一天之后，那张独属于你的舒适的大床，也都是应该投资并且关注的地方。

安全舒适需求

安全舒适对于室内设计来说是一个很抽象和宽泛的名词。从功能上来说，即在满足基本生理需求之后，一座房屋的室内外环境应能达到居住要求，通过后期的各种安全防护应能给人们在心理上提供一种保障。

比如在最近几年的高层建筑设计中，会在住宅中设计一个安全逃生的缓降器，用来预防一些极端情况。此外门窗的防护、智能安防设备都能给人提供心理上的安全感。

舒适度的范围就比较宽泛，比如合理地收纳有助于打造出整洁的空间环境。高质量的灯光设计也能为个人提供舒适的视觉感受，合适的灯光不仅能有助于让人快速入眠，还可以提高学习效率减轻视疲劳。

社交情感需求

社交是空间功能的重要组成部分，良好的交流空间能提高沟通的便利性，通过设计优化还可以增加人与人之间的互动性。

空间环境会对人的情绪产生一定的影响。比如在餐桌上聊天，就比在一张谈判桌上聊天来得轻松愉悦。但室内设计的复杂性就在于无法准确判断沟通的场景，那么为每一个空间增加可用于社交的细节功能就比较重要了。

比如我们会在一栋别墅空间的中间层设置起居室，并进行水吧台的设计，其目的并不仅仅是满足喝水这个需求，而是为了打造一个用于交谈的空间。茶水间是公司闲聊的集散地，设计师创造了空间，并且引发了使用者的表达欲望。

而情感需求除了交流外，还有对兴趣的满足，比如对于某一种产品的喜爱，又或者是对于健身的痴迷，通过对空间的梳理整合，可以逐一满足这些需求。

自我实现需求

人类需求的最高层面就是对自我实现的需求。每一个人内心都有朝着某个特定方向成长的趋势或者需要。那么从家居设计来说，该如何满足这个最高需求呢？从诸多设计项目来看，让空间满足精神层次的需求，我国的私家园林或许是一个很好的例证。

我国的古代文人常将情感寄托于山水之间，而造园就是古人将这种至高的精神生活带入现实的最好手段。后人总结了无数的手法，但是归根结底，院子都是主人长时间积累的结果，比如寻遍天下，只为了寻找一块奇珍异石来表达到对山川的想象，栽一棵树并且不断修剪，最终是为了还原山林里那棵搬不走的迎客松。

另外，时间让一切在潜移默化中改变。最终成园之时，精神满足达到顶峰。很多人可能会问，现在哪有那么多的院子让你造呢？我想说的是，给业主留下一个能自我成长的空间，才是满足最高精神需求的核心，也是最有意义的设计。

淡化风格，注重对生活方式的研究，可以不断打开设计思维的枷锁。毕竟在这个设计竞争激烈、风格泛滥的时代，设计非常容易同质化、程序化。室内设计作为一份带有引领意义的工作，要不断地创新，不断摆脱既有的框架，不断推陈出新。抛开风格做项目，这样会扩大你的思维广度，让空间变得更有趣。对于初学者，学好风格有助于你的方案快速完美地落地，但是你工作的重心要不断地向研究生活方式的本质靠拢，只有这样才可以让自己的项目更有生命力。

正确看待
全案设计

> 与其说人类是理性动物，倒不如说是为事物寻求合理解释的动物。

——埃利奥特·阿伦森

最近几年，在设计行业，培训机构如雨后春笋般出现。似乎不出去游学几个国家，便对不起"设计师"这个头衔。我承认职业培训对一个行业的发展来说有很大帮助，可以全面提高行业水平，制造一大批交流机会，但是部分培训机构打着学习的名义贩卖焦虑，这就有待商榷了。而最近比较流行的名词就是"全案设计"。

什么是全案设计

全案设计的概念早在十几年前的家装行业中就已经出现了。现在已无法考证这个词语具体出现于什么年代，又是由谁提出的。2006年前后国内家装行业发展迅速，一大批家装套餐公司和一部分有先见之明的大型设计公司推出了带家具的产品展厅卖场概念，一批高端住宅室内设计公司也逐渐将设备、土建、硬装、软装等融于一体。全案设计的本质就是让设计师作为项目总工程师的角色，从设计的初始一直跟进到项目结束，工作囊括设计与管理两个方面。

早期的住宅装修市场，大部分的中小型公司还停留在施工队做基础施工的状态。设计师以几张 3D 效果图算作设计交付，业主普遍反映实际方案在落地之后与设计之时有巨大差别。这是因为设计师把大量的精力放在了前期方案设计阶段，加上一部分从业人员的职业素养不够，就造成了行业初期令人诟病的落地效果很差的问题。

随着最近十年房地产行业的快速发展，大量的家装公司选用全案思维下的整装标准化模式和个性化定制模式。两种模式都是全案思维的延伸，却又有所区别。整装模式是以产品先行的方式介入设计环节，通过流程化管理降低所有的人力、物力成本，牺牲了部分个性化来达到项目整体的稳定性。而个性化定制则从设计出发，先了解需求再来进行系统搭配，缺点是个性化程度高，对于企业来说，管控成本复杂。

对于企业来讲，这两种模式都相当高效，国内类似的公司体量也非常庞大。同时在客户端，由于自采购风险大、协调麻烦，有一定经济条件的业主就会选择将所有的事情都交给公司，这就是省心的一站式采购服务。

不管是哪种方式的全案，对于企业和个人来讲都有其好处。

全案设计是未来的趋势吗

一位厨师做菜，一定是从采买食材开始，最终才能做出一道道美味佳肴。顾客不会去单独买菜，更不会自带餐具。而对于厨师而言，买菜、做菜本身就是整体过程，是一个无须多言的默认选项。

对于室内设计而言，装修工作从开始入场的水电交底、中期产品选购，到后期家具选择，很多设计师同仁都是从头到尾跟进，客户也会在此过程中不断主动沟通。简单来说，把一个案子做全，是一个设计师的职责。而对案子负责到底也应该是室内设计公司该有的样子。若把这个本职工作拿出来加以包装，并变成"全案设计是未来大趋势"的口号，这实在危言耸听。至于很多机构宣传说上几节全案课就可以让你的项目落地，更是滑稽。

全案设计背后的硬件条件是什么

最近几年，囊括更多产品的整装公司遍地丛生。这类公司设计的项目缺点也很明显，即设计趋同化越来越严重。但从企业盈利角度看，把客单值变得更大，吸引更多低设计、低价要求群体却无可厚非。

很多人对家装公司有偏见，认为它们都是靠营销，其他一无是处。但是大型家装公司有工程部、产品部、设计部、软装部、商务部等，并有一套完整的管理体系，虽然也存在一些问题，但这套体系却支撑着公司不断做大做强。

一部分高端设计事务所由于后勤管理部门的强大，在稳定产出作品方面做得非常好。但部分号称全案设计的中小型公司，人员配置不够，主要靠设计师自己，缺乏系统性，导致项目落地极不稳定。

在当下的室内设计工作中，设计的灵感和创意其实只占到了少量的部分，而设计项目综合管理才是一个企业或者个人该加强的地方。如果真要搞培训，应该针对大型企业的管理人员，而不是针对缺乏管理思维的个人设计师。

如何做好全案设计

按照当下的行业发展形势，我认为做好全案设计的方法并不仅仅要在专业圈里寻找答案，更要打破思维的墙朝外看——设计的管理思维。

一个设计师要有个人管理、团队管理、产品系统管理、工地管理、客户管理的管理思维。

个人管理包括设计概念的管理、创新思维的管理、时间分配的管理，三者侧重不同。具体内容包括厘清一个项目的概念主体是什么，客户的需求是什么，是否可以提出更好的创意点，以及如果资金有限我们如何将其安排在重点创新里，如何统筹好项目的设计时间、落地时间、周期控制。

团队管理的重点是深化团队的专业性，强调精准的效果表现，协调团队的自主性。产品系统管理的重点是产品供应商的时间节点、资源支持是否匹配。工地管理的重点是工地项目经理的执行能力、对于案子的理解是否到位。客户管理则要思考如何让业主更好地配合我们的整个工作流程。做好每一个环节的管理，最终形成一套属于自己的程序化系统，使每个人都各司其职。

设计公司做不大很可能是存在传统的作坊思维，没有形成稳定的体系。作坊式的全案虽有概念，却不能深度思考，解决不了团队稳定的问题，听课再多也只是交"智商税"。从管理学的理性思维出发，搭建一个系统平台来展开全案设计才是重点。

第三部分

进阶

项目的
落地拍照

在每一个层面上，照片都包含了一个充盈的意识形态语境。

——格雷汉姆·克拉克

2020 年末的时候，我的一个项目完工，联系一位摄影师拍摄未果。对方答复是较忙，外加一句都是拍摄作品，不怎么拍家装。气愤之下，我把这位摄影师过往的拍摄作品翻了个遍，感觉拍得并不尽如人意。

对于住宅室内设计，衡量一套作品的好坏，有两个维度。一个是客户的维度，一个是专业的维度。客户的维度看图片比较直接，喜欢或者不喜欢全靠照片。也就是说只要花钱找位专业的摄影师，都能过得了客户的眼。无数国内获奖的项目，摄影师成了最大的推手。为什么摄影师的作用会这么大呢，原因有很多，调光问题、构图问题、摄影师的审美问题等都对作品的呈现有影响。优秀的摄影师能很快地找到那个最好看的角度。这就类似于拍人物照片，优秀的摄影师总是能找到被拍者最美的瞬间。很多朋友参观室内设计大师的项目现场时总感觉比杂志上的照片效果差一些。因为人的视野是有限的，在看事物的时候没有办法像镜头一样，从别具一格的角度观察，再加上后期完美的调光修片，所以图片给人感觉总是优于现场。

作为初入行的设计师，不必要追求每一个项目都进行拍摄，家装作品首先要做到完成，其次才是完美。评价一个作品的好坏，如果仅靠漂亮的照片一定会误入歧途。但如果作为宣传之便，留下几张好图对后期宣传也有很大帮助。

实际项目的拍照应该如何准备

建筑摄影和人物摄影是不同的两个方向，设备也会有很大区别。早几年，我对摄影不太了解，看到市面上各种漂亮的案例，很是羡慕。2015 年前后，我曾经请过一位自称拍过某某地产样板间的人像摄影师拍摄项目。结果照片效果一塌糊涂，和网上的样图有很大差别。后来和另一位专业摄影师交流之后才找到问题的关键，就是拍摄人物的镜头与拍摄建筑室内的镜头有巨大差别。所以，要想拍好项目实景，一定要物色一位专业的建筑室内摄影师。

如何分辨一位摄影师的好坏呢？最直接的方法就是看看他以往的案例样片，有机会的话可以看一下原片。因为每一个人对空间和光影的感觉不同，所以最终呈现的效果也会有很大差别。而且，现场条件也会有差异，摄影师的设备也会影响最终的画面质感。好的设备价格少则数万元多则数十万元，在技术一样的情况下，原则上设备越好，所呈现的画面就越有质感。

甄选项目

对于室内设计师来讲，每年可能做数十套项目，但是到最后具有拍摄意义的少之又少。项目拍摄的作用有两个：宣传和复盘。宣传类的项目应该是客户圈、专业圈两边都叫好的。复盘类的项目就是总结落地的问题，可以趁此机会重新审视自己的项目。

对于参赛的作品一定要注意空间的氛围，考虑设计细节的呈现。最好是能拍出一些关联性的主题。比如利用自然光源，拍出特殊的光影效果。建议在拍摄之前多去几趟现场，光线较好的时候可以拍出来一些很有趣的光影变化。而面对普通客户的照片，则尽量全面、视野开阔。因为普通人需要看到更多的场景内容。比如做了什么装饰，用了什么特殊材料，以及设计了哪些特殊功能。

软装配饰不是越多越好

前几年房地产样板间大行其道，床上经常摆五六个靠垫，地上必须来块地毯。餐桌上不管吃饭与否，都摆一堆刀叉碗碟，这种方式看多了自然感觉审美疲劳。

挑选住宅类软装的时候，一定要注重产品的独特性，要适当考虑方案和业主本身的审美情趣，这样才会留下更有趣的照片。另外，拍摄现场要注意空间的清洁度，地面、桌面的灰尘都要及时清理，因为在高分辨率镜头下，一点微小的瑕疵都会一览无余。除了上述注意事项，拍摄尽量选择从早上开始进行，这样能把一天中各个时段的光线变化全部收入画面里。

由于摄影器材的原因，如果户外和室内光线强弱对比过强也会给后期修片带来困难，就是俗称的"光比较大"。当然这也很考验摄影师的综合实力，不同场景的光线对最后的成片效果影响巨大。以自然氛围为主的作品，拍摄出的照片更容易让人感到温暖。阴天无太阳的时候，光比较柔和，也会拍摄出不错的效果。

室内设计师如果想要得到一个好的拍照结果，在设计初期就必须考虑到位。毕竟摄影师不是万能的，项目本身的趣味性才是最终效果的核心因素。

项目拍照在某种程度上已经成为当下室内设计行业的标配，最近几年短视频盛行，动态拍摄宣传也会是未来的一大趋势。虽然照片无法代表一个案子的整体效果，但是对未来宣传依然有很大的帮助，重视落地拍照，会让我们的项目更有竞争力。

室内设计的
产品思维

　　《心灵鸡汤》的巨大成功打破了"知识的诅咒"，这也让我们明白了一个道理——故事具有模拟和鼓舞的双重力量，想要让自己的创意与观念被人牢记，就从讲一个好故事开始。

——奇普·希思、丹·希思

室内设计的产品思维

　　什么是产品思维？即产品经理利用手中的资源，为了解决某种问题，通过对用户、需求、场景的分析，提出的一种创新的解决方案。

　　设计是一项难以量化的工作，充满了复杂性。室内设计方案难以落地的原因在于实施过程中的外部因素使项目充满了不确定性。设计的本质是设计管理。产品思维的本质就是管理复杂性，追求确定性，保证作品输出的稳定性。

精准洞察用户需求

　　为了对用户进行深入了解，我们把整个逻辑分为三层：用户画像、场景故事、情感满足。

精准洞察用户需求

用户画像

通过整体分析，给用户一个整体的轮廓，从而洞察其需求。画像不能停留在浅层次的外观感受，可以结合心理学对用户做深层次的判断。以儿童房为例，我们可以将儿童的画像分为四个时期：

婴幼儿时期：0 ~ 3岁；

学龄前时期：4 ~ 6岁；

学龄期时期：7 ~ 13岁；

青少年时期：14 ~ 18岁。

可根据四个时期的儿童在那一时期的性格特征、消费特征、身体特征、兴趣特征等做深入判断。

场景故事

场景故事是用户在特定的空间里，产生某种活动的行为方式，通过使用路径来判断用户目标，这是整个设计过程中的核心。

以婴幼儿时期（0～3岁）为例，主要场景为睡眠、语言启蒙、爬行、游玩、辅食、陪床。

生理层：幼儿的睡眠时间从20小时减少为14～15小时（1岁后），3岁孩子的睡眠时间为12～13小时。这一阶段孩子过小，处于婴幼儿时期，无固定学习场所，活动时间中等，睡眠时间较长，卧室不必单独设计。

心理层：设计要考虑孩子对安全感的需要和认知的发展。人类大脑负责思考和学习的区域在孩子3岁前便开始发挥作用，儿童房的核心应该体现亲子交互，如手工桌、亲子对坐的家具、儿童阅读的书架等。

情感满足

设计表面上解决的是人与物之间的问题，深层次上则是对某一种需求的理解，并使其获得心理的满足。美国心理学家唐纳德·A.诺曼博士的《设计心理学》提出情感化设计可以将新产品的功能转化为让用户难忘和持久的体验。

在项目构思的过程中，设计师往往会深陷于空间的元素表达而忽视了使用者背后的心理层面变化，这也是很多设计稿最终成为"飞机稿"的原因之一。

儿童房除了满足孩子本身的行为需求，也应该同时满足孩子以及父母的情感需求。

规划用户使用意图

弄清用户的需求之后，就可以进入设计落地阶段。规划用户使用意图，并将其划分成五个维度：功能布局、感知体验、物料选择、工艺呈现、创新模式。

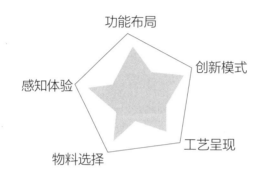

用户使用意图的五个维度

功能布局

功能布局的核心是空间的易用性。方案规划的重点，最终都会呈现在平面图上。只有通过合理的规划才能得出好的结果。

按照场景故事将儿童房划分为：收纳区、活动区、休息区、交流区。

收纳区：婴幼儿时期的物品琐碎，衣物洗晒频繁，所以柜子的设计要明确分类，方便辨识，使用便捷。由于孩子成长速度快，新旧衣物、玩具收纳的规范性都是这一时期的重点。

活动区：学习空间和娱乐空间。婴幼儿时期的娱乐空间要无障碍物，无尖锐物体，还要有安全防护等。

休息区：要考虑床的比例、尺寸，以及床垫、靠垫的搭配。

交流区：婴幼儿时期的学习主要靠父母的引导。由于父母的陪伴时间较长，配套的成人家具要舒适，配套细分功能也要跟上。

感知体验

体验感是场景故事最为关键的点，舒适性是核心要素。我们把对儿童房的体验感分为四种。

触觉体验：产品材质的表面的触感是否适合婴幼儿使用。

视觉体验：视觉体验的核心是审美体验，空间里出现的各类装饰元素从外形、颜色、比例关系以及空间灯光的氛围营造上能否满足婴幼儿审美的需要。

听觉体验：室内能否隔声降噪，是否需要智能音乐阅读设备。

嗅觉体验：考虑到孩子还处在成长阶段，儿童房空间暂不考虑化学香氛类物质。但是要考虑婴幼儿移动坐便的倾倒以及辅食用具清理的便利性。

物料选择

物料即空间里所使用的各种材料，安全性是其关键要素。按照使用区域可划分为三种物料。

顶面物料：乳胶漆、艺术漆、木质材料、石膏板、其他特殊材质。

地面物料：木地板、瓷砖、石材、地坪漆、塑胶类、其他特殊材质。

墙面物料：壁纸、壁布、护墙板、硬包、其他材料。

从广义的装饰来讲，所有材质都能在空间中使用，但是否适合使用在儿童房需要斟酌。婴幼儿时期的孩子身体弱小，呼吸道敏感，对光线强度有较高要求。所以在进行物料选择的时候就要选择安全、环保的材料。学龄前时期的儿童由于对世界充满好奇、活泼好动、喜欢涂鸦等，除了之前提到的环保安全之外，还要考虑材质是否耐擦洗、耐磨，地面物料是否防滑等因素。

工艺呈现

施工工艺是项目设计的本源。作为整个设计系统重要的一环，它被分为三个维度。

工艺难度：考虑设计元素的施工难度，是否能百分百地落地呈现，如何在保持设计元素完整的情况下降低施工难度，这都需要设计师在方案中仔细推敲。

施工周期：高效的施工带来更快速的效果呈现，对于设计服务来讲，时间成本高于一切。

成本分析：包括人工成本、辅料成本、图纸成本、技术交底带来的时间成本、修改方案的成本等。

创新模式

对于室内设计来讲，通俗易懂、不故弄玄虚就是好的创意。设计理论家王受之教授曾说："设计是有计划、有取舍地解决问题。"那么设计创新的本质应该是基于方法的创新。拿微信红包举例，在当年互联网的支付"大战"中，微信支付的前身财付通无力抗衡支付宝。后来腾讯做了一个微信接口小功能——发红包。程序开通后，瞬间在工作群中引起轰动。从此，人与人之间的转账方式从支付宝变成了抢红包、发红包。线上支付的古板方式被嫁接进了具有传统文化底蕴的红包模式。从此腾讯终于诞生了可以和阿里巴巴抗衡的一款产品，这就是非常典型的方法型创新。

在实际应用中，精准洞察用户需求和规划用户使用意图，相互平衡、相互依托，又不断深化补充。落地之后还可以对其进行复盘，做设计总结，找到问题，进而不断地提升设计水平。产品思维也许还有更多角度，只有持续地改进才可以得出好的模型，以便更好地指导设计工作。

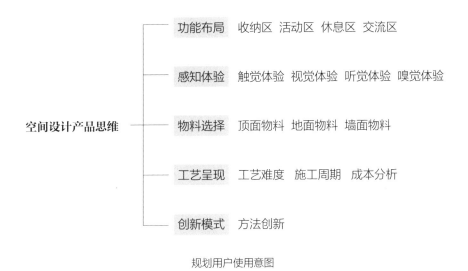

规划用户使用意图

结构思维与
装饰思维

越是主张建筑是设计理念的完成物，就会离实际的建筑越远。

——柄谷行人

最近几年的案例中把空间思维作为设计核心的作品经常会大受好评。而装饰一词，则不断地被人诟病，这背后的原因离不开早期室内设计的粗犷发展。那个没有章法、全靠模仿的年代，留下了很多匪夷所思的"欧式作品"，直到今天我们依然可以看到。

"如果装饰被看作一种庆祝的形式，那么只有装饰用在不恰当的时候才是应该被反对的。"英国艺术史家贡布里希的书中对装饰的看法显然和当代的设计师看法不同。很多人似乎只记住了现代主义大师密斯的"少即是多"，却似乎从来没有人认真思考过，在那个时代，抛弃装饰的先锋性才是其真正的意义。

那么在当下的设计中，空间结构和装饰孰高孰低，我们该如何真正理解两者的关系？人居环境存在着无数的可能性，在这个多元的时代背景下，思维的边界更加趋于模糊，简单的分级带来的只是行动上的懒惰。加之一些培训机构为了拔高课程，制造出学术"幻觉"，导致了大家对于两种思维都存在着很多刻板印象。那么我们到底该如何理解呢？

结构思维

现代建筑学中，外观设计与结构设计分属于两个独立的专业方向，有明确的分工。在一些建筑理论专著里，空间结构是事物的基本存在。但是在西方的建筑文化语境里并不存在统一的看法，也就是说，对于空间结构，并没有一个明确的定义。

从住宅建筑来说，墙体、砖块、梁柱组成的一个边界，造就了内部空间和外部空间，进而形成了内部的使用区域，人们在这里生活、学习、娱乐。

由于建筑普遍带有宏大的叙事性，所以很多室内设计师为了突出自己作品中的空间性，会强行把这种"张力"带进作品的表达中。很多人迷恋室内作品所呈现的静态之美，归根到底，这是由摄影手法的视觉技巧产生的，这也是很多大师的作品在现场容易效果不佳的原因之一。所以，空间结构表达天生带有一定的虚伪性。

很多室内设计师缺少丰富的学科依据，这种自己都很难说清楚的空间思维像极了飘在空中的上层建筑，苍白无力。透景、片墙、几何拼接这些装饰手法上的运用，很难说是纯粹的空间思维。

标榜空间思维的背后，是自我对于空间结构的盲目崇拜。广义来讲，室内设计师也从属于建筑师。为了让作品更加与众不同，似乎只有按照空间思维设计才能有高段位的室内作品。诚然，空间思维是一个很好的视角，但是却不必把其当作高深莫测的认知，而忽视了装饰的作用。

《建筑美学的哲学探析》一书中提到"从技术角度来看，建筑结构就是通过梁、柱、板等构件根据一定的目的和规律，在符合技术要求的情况下确定其相对位置，实现合理搭配""建筑本质上是对空间的限定，如果说建筑空间是间接表达建筑结构中各实体构件间关系的一种形式，那么，结构则是实现建筑空间和展现形态的关键 。所以建筑空间的塑造与结构之间的关系是密不可分的。"

对于室内设计而言，从拿到项目的时候，空间已经被限定。我们的工作就是在内部空间中，对原有形态进行二次调整和改良，使之更适应业主当下的使用需求。

我们可以把建筑想象成一个人的身体。结构相当于人体的骨骼和肌肉组织。一个经常健身的人，形体、仪态都与别人不同，比如他们有宽阔的肩膀、优美的臀部曲线、挺拔的站姿、健硕有力的大腿以及明显的人鱼线等。那么我们可以思考一下，锻炼的目的仅仅是为了健康吗？不！穿衣显瘦，脱衣有肉，为了外在形象上好看才是大部分人健身的另一个主要原因，这些完全符合人对"颜值"的追求。

在工作中我们经常说，这个房子的先天条件好，做起来有趣。身材之于人就像结构之于空间。有了好的"结构"，再通过外部的修饰保养，穿衣搭配之后可以获得更高的评分。设计师作为房屋"医美师"，通过各种手法，对空间进行二次塑形。用拆除、新建、加固的手段，对既有空间进行再次美化。结构不仅是人体美的基本形式，也是建筑乃至万物的基本形式。但是如果只停留在这个层面，仅仅为了营造结构的高级感，去刻意地设计，很可能会弄巧成拙。

空间塑造更多的是形体、结构、动线，但本质上我们还是要解决空间中人与人的关系，而装饰则从另外一个侧面助推设计。

装饰思维

在历史的长河里，原始人以山洞作为住所。某日，在结束了一天的劳作后，想起了白天的场景，于是意从心起，寻来一把称手的利器，在石头岩壁上再现了白天的场景，殊不知这一画却成了现存世上最早的岩壁绘画。这不仅实现了自己的精神需求，还带来了最原始的情感愉悦。这就是最朴素的装饰元素。

除了这些，装饰还具有文化属性。欧洲中世纪长达几百年，当时民众的文化水平较低，识字的人又非常少，于是无数画家通过在教堂的屋顶和墙壁上绘画来把信仰通俗地传递给大众。给神以人性的外表，最终实现通过传教来安抚民众。

装饰发端于现代主义并在后续几十年的发展中被无数的新思想重构。比如美国建筑师文丘里的《建筑的复杂性与矛盾性》一书就提出了对于现代主义的质疑。日本的一些设计师甚至在思考如果没有现代主义，我们的设计又该如何自我发展出来。

随着社会经济的发展和城市化进程的加快，物质上刚刚富起来的大众，一下子住进了梦想中的新式住宅。由于对所谓的欧美风格以及西方生活方式的盲目崇拜，以至于大量的欧美风格在国内流行开来，这些用力过猛的装饰风格在如今依然还有不少的拥簇者。

　　装饰符号是特定时期文化信息的承载者。但一旦过度使用，会导致大众的审美快速疲惫，也会带来各种生活中的问题，如不易收纳、不易养护、木制品大量开裂等。早期的室内设计行业从业门槛低，从业人员学历低，认知水平也不高，很多设计师也是半路出家，加上自身审美水平不高，造成了如今大众对过度装饰的诟病。

　　近几年，国内对建筑大师卡洛·斯卡帕的结构造型有很多的模仿，有些人觉得搞懂了斯卡帕，就可以走向巅峰。这种生搬硬套的提取，并不能领会斯卡帕的设计本意，大量抄袭的也仅仅是节点元素。这些设计师也普遍缺乏独立的思考能力，过于注重表面的浮华。

　　美国建筑史家及评论家肯尼斯·弗兰姆普敦表示："斯卡帕的建筑可以作为 20 世纪建筑发展的一道分水岭，一方面是因为他一贯注重节点的表现，另一方面也在于他独树一帜地将蒙太奇的手法作为整合异质元素的有效策略。节点是他毕生建构追求的集中体现。"

　　看过斯卡帕作品的人一定会感觉，这种设计即便放在当下，也有一种特殊的美感。美国建筑大师路易斯·康曾说："在设计元素中，节点是装饰的灵感之源，节点的表现就是装饰。"

　　这些充满装饰感的建筑物，即使在今日来看，依然有几分趣味。理解了这几个问题，我们再来思考装饰真的就一无是处吗？在社会发展的各个阶段，装饰都承载着不同的价值。无论是祭祀、生活，抑或是增加美感。除此之外，传统中式的装饰还带有阶级标签，无论是配色和结构都代表着一定的身份。这些遗留下来的符号，正是我们理解中国传统文化的关键。

另外从学科上来说，室内设计专业在课程安排上更趋近于装饰。装饰的主要目的就是对原有结构的美化，让"混凝土"之下的空间更有温度。这种温度，最终直达人的内心，是对空间结构的一种补充。

无论哪个时代的装饰在空间中都带有人文性，而且能从心理上给人以满足感。纯粹的空间无法取代装饰背后的意义，就像原始岩壁绘画留给世人的遐想，是主人情感最真实的表达。

在建筑内部，装饰和空间结构只是逻辑的角度不同。通过单一视角解决问题有局限性，两者结合，共同创造出好的环境和氛围才能真正地解决室内设计中人的需求的核心。

知识付费
靠谱吗

能深刻有力地满足人们心灵需求的简单之美，都来自内在的复杂性。

——罗伯特·文丘里

今天你又博学了吗？近些年，付费知识似乎变成了生活必需品。作为知识付费的支持者，"得到""樊登读书"这类知识分享平台帮我打开了成长学习的另一扇大门。

付费知识的优缺点

付费知识的使用场景众多，可以利用大家的碎片时间，比如乘车，乘坐地铁、公交，睡前等。不过由于环境等因素，学习的效果因人而异，很多时候，像听故事一样。所以，付费知识，被很多人诟病没有"疗效"。从经验来说，在一个比较专注的状态下学习会更好地吸收，很多时候，注意力分散会错失许多关键信息。

那么为什么我还是觉得付费知识"靠谱"呢？知识的获取自古就有很多路径，这类网络付费知识，就如同用"药引子"的方式把我们带入新领域。它的职责并不在于教会，更多地是为你打开一扇通往新领域的大门。

比如，之前学完建筑历史的知识后印象并不是太深刻，留在脑中的就只剩下一些片段。但当我付费学完建筑历史的时候，总会有些似曾相识的感觉，之前学过的知识在不经意间融会贯通。

另外，付费知识较为通俗易懂，帮我们打开了跨学科学习的大门。很多时候，对非专业学科，只要了解其核心思想即可，没有必要如同大学课程一样再来上一遍。通俗化的解读还会更加吸引普通人群，这些知识引导我们继续研究下去，并不断丰富自己的知识体系。

要说缺点，如果听众的知识体系过于散乱，大量的外部知识可能会呈现一种支离破碎的状态。可能听了几年之后，得到的仍然是一堆杂乱的知识碎片，就像是一锅味道奇怪的炖菜。对于提高网络听课效果的好方法是制定一个短期的学习计划，在某一阶段只研究某一个领域，比如了解绘画，那么你要做的就是找到相关视频，全面多角度地进行了解，吃透之后再进入下一个环节。

设计行业的线下培训

除了网络的付费知识，还有传统的线下培训。但最近几年借着互联网的发展，一些商家联合部分所谓的"大咖"办起的设计培训班，却可能只是为了割设计的"韭菜"。

这类培训班在宣传时期，会把你的专业焦虑无限放大，措辞犀利夸张。许多所谓的"大咖"，对于深度的专业知识是匮乏的，由于早年赶上行业发展的上升期，在业内也有一定社会地位，年老时就出来开班讲课，教授的内容也是五花八门。

最近几年还常见一类"专业型"培训，特征是简单问题复杂化。常用概念或带有哲学思辨性的名词，出门必带 PPT 文件，里面必有思维导图，用词越晦涩越偏门越好，总之就是给人一种"我很学术"的感觉。哪怕是一杯开水，也要去归纳一下："哦，这是一杯由氢、氧元素构成的无色透明流体化合物，可以用来解渴。"

这些培训师总结出来的半吊子知识，让大众产生一种"终于悟到了"的错觉。辨别这类培训师的方法就是看他是否具有正规的建筑或者设计院校的学习背景。并不是说好学校决定一切，但是大学教育在一些理论知识的传授上还是相对严谨、系统一些，并且在网络上有大量的公开课视频，可供设计师学习。

除了找国内的设计师，机构们还会聘请外籍设计师，看似理念超前，很多时候我们没办法看到他们的全部信息，这类培训在一部分城市还很有自己的市场。我们承认国外设计师的审美有独特性，但对于这些连几件作品都没有的外国设计师，我们真的要警惕。

最后我觉得较为有争议的就是户型改造培训。对于户型改造的训练，我是持保留意见的。户型改造练习本身没有问题，但是脱离实际的乌托邦式乱改是十分不可取的。这些方案完全不考虑场地现状，一张原始图，室内泳池、水系、绿植，信手拈来；上下水、天然气、烟道全靠天马行空的想象，完全无视建筑规范，甚至于部分户型改造都是无用的。

虽然发散思维的户型改造有助于拓展设计边界。但培训者还是要多补充一些实践常识，不能为了吸引眼球，强行改造。

户型改造训练就好比是在虚拟股票市场里交易，你可能一直盈利，但是一旦踏入现实里，会发现有很多干扰因素。设计的意义就在于有限定，有取舍，学习户型改造，不必迷信培训。

知识获取的多元时代

在当下这个可以肆意表达的时代里，从微信公众号到短视频平台，每个人都可以分享自己的理念。但是知识的输出者并没有办法意识到自己思维上存在的问题。而受众由于教育水平参差不齐，也无法分辨知识的优劣。这些观点的表达，可能不仅带偏了行业内的新人，还会误导部分业主，很多微信公众号和短视频平台的最终走向都是积攒粉丝为自己开班授课打基础。

其实无论是线上付费知识还是线下培训，都会有各自的缺点。从专注的角度来考虑，面对面的传统授课方式还是有很多无可比拟的优点的。就像前面所探讨的，线上付费学习或许会更加适合有一定基础知识储备的人群，在遇到一些特定问题，无法解答之后定向寻找解决方案。另外，对于非专业的知识扩充，无须过度在意其功效如何，反而会无心插柳，柳成荫。同时，线上付费学习作为培训之外的补充，是一个很不错的日常学习方式。

对于需要深度专业学习的朋友，我建议还是找线下可靠的培训班，这样效果更好。有很多问题，需要当面学习才能更好地吸收，同时能接触很多行业的优秀前辈。无论是哪一种形式，学习一定要带着自己的问题。如果是盲目的学习，那么无论哪一种方式效果都不会太好。

先思考自己的目的，再来选择哪一种方式。当然如果条件允许，我觉得无须选择，因为对我来讲，两种方式是互为补充的，我都需要。既然身处这么一个知识多元化的时代，有更多的选择不正是一件好事吗？

室内设计师能力的提高
也可以有方法论

在一个充满不确定性的世界中寻找确定性是人类的一种追求。

——奥赞·瓦罗尔

思维方式决定了我们做事的效率。美国投资家查理·芒格在《穷查理宝典》一书中多次提到对他的学习和生活产生巨大影响的多元思维模型。多元思维模型，简单来说就是通过结合多种不同种类的知识，并将它们融会贯通，最终解决各种问题的过程。室内设计虽然和金融投资有很大区别，但都是复杂学科，同样要用到多元思维模型。每一个项目都有自己要解决的问题，设计师必然要面对这一切。那么室内设计师提高能力的方法论又有哪些呢？

在工作中，我们既要跟客户沟通，又要思考方案，所以设计师要有审美、会预算、会管理，还要熟悉工艺，因此需要具备多种能力和素质。那么如何将这些工作处理得游刃有余？多元思维模型就是一个很好的工具。设计师需要提高以下能力和学科知识。

洞察力

在学习绘画基础的初期，很多同学不理解为什么要学习枯燥的素描、速写和色彩。其实我们在画每一幅人像的时候，鼻子的结构、脸部肌肉的走向、发际线的位置，都是在锻炼眼睛捕捉事物特征的能力。在后期的工作中，这些能力又转化成观察事物的洞察力，如果出现构图比例不合适、色彩搭配不佳的现象，你都会相当敏感地捕捉到，也会找到各类视觉效果存在的潜在问题。这种洞察能力正好是日常的设计工作所需的。

美国艺术史学家艾美·赫曼开设了一门洞察艺术的课程，他带领 FBI 探员、医生参观大量的艺术作品，根据找到的各种信息，来推测背后隐藏的内容，以此来培养他们发现问题的能力。例如，训练他们将注意力集中在一幅画上，尝试用数个小时的时间来观察，能观察多久就看多久。在观察的过程中要不断地提问，画面中发生了什么故事、出现了什么角色、角色之间的关系、画面中出现的各种物品细节、人物的衣物褶皱、手中的物品、光影的变化等。另外一种方法就是对日常物品观察的练习，比如拿起一块手表，静静地观察一分钟，然后将其拿开，并将观察到的尺寸、材质、指针长短、形状等相关信息全部记录下来，接着重复拿起两三次，每一次都要找出更多不一样的细节。

锻炼洞察力的最终目标是让我们具备客观看待事物的能力，其核心是收集事实的真相。洞察力可以让我们在与业主沟通时，关注到业主的客观感受和需求，而不是沉迷在自己的方案和执念中不能自拔。

心理学

无论是什么职业，都免不了要与人打交道。徐克导演的电影《笑傲江湖》中有这样一个桥段：令狐冲对任我行说"打算带着师兄弟们退出江湖"，任我行仰天大笑道："人就是江湖，你怎么退出啊？"

设计就是要不断地与不同的人打交道。心理学的作用就是帮我们了解人性。很多项目未必是要解决造型或者颜色的问题，找到人们心中最终的诉求才是方案的重点。心理咨询师有一个基本的技能叫共情，这是设计师也要拥有的，设计师要感同身受地替甲方排忧解难。

很多业主对于价格或者某些物品有一些特定的印象挥之不去，若之前装修时装的智能马桶极其难用，那么在下次选择时，就很难对同品牌的洁具产品产生兴趣，这就是心理学中的锚定效应。还有一类常见的情况，如果业主精心挑选了一块石材，在选择的时候会异常挑剔，一旦买入装在墙上，即使有一些瑕疵，他大概率也会欣然接受，并在心底找各种理由说服自己，以此来证明选择的明智，这就是典型的禀赋效应，即一旦拥有某种物品，那么对该物品的评价就会远远高于拥有之前。

了解了这些心理效应可以帮我们增加判断事物的客观性，不至于被业主的个人意见带偏。除此之外，心理学知识还能在沟通表达中给设计师带来帮助。比如如何判断对方的性格、习惯、心理诉求，建议新手设计师可以多阅读一些经典的心理学书籍，《思考，快与慢》《非暴力沟通》等都是很好的选择。深层次的沟通才是更高级的营销。

建筑学

国内室内设计学科的理论体系相对薄弱，但建筑学则拥有庞大的学科背景。门类之广囊括万千，包括建筑结构、发展史、空间规划、图纸规范、电气设备等。有建筑背景的设计师在项目设计上会更加深入和敏锐，知识体系也更为成熟。作为室内设计的上游学科，建筑学会帮你从更加宏观的角度看待室内设计。

除去理论知识，现代建筑的各种流派也能给室内设计带来了很多灵感，新材料的应用等都可以扩展到室内设计中。最近几年大火的斯卡帕，被圈内很多设计大师参考，更有一些知名的设计公司把他的项目直接搬来使用。这也反映了室内设计的手法可以借鉴学习建筑学中的设计手法。

历史学

设计师要了解现代设计就一定要搞明白工业革命的本质，并了解现代科技的诞生给室内设计的发展提供的诸多便利。如果没有空调技术，现代商业空间可能根本无法存在；若没有玻璃材质的出现和创新，人类居住环境不会如此明亮；而没有净化水源技术的诞生，住宅的群居就会是一场噩梦。

除了技术革新，了解世界各国居民的生活习惯的异同，可以更好地理解各个风格的起源和流派。欧美的豪宅别墅经常有开放的就餐空间，以及庞大的多样化餐厅。这源于他们的饮食习惯，以及他们对烤制设备的依赖。中世纪的欧洲人都是以客厅的火炉为中点进行生活布局的展开的，这种形式完全不同于中国自秦汉时期就把厨房和其他空间分开的布局。欧洲人的生活习惯造就了如今的开放式厨房的原始雏形。

了解这些基本的历史，是为了更好地追溯人类生活的轨迹，从而更容易做出符合功能逻辑的规划。

美学

　　把空间做得漂亮美观是设计的核心目的之一。但美学领域的内容是庞大和难于掌握的。从建筑外观、家具风格、绘画、服装，到电影、摄影、文学等一切能带来美的事物都要关注。这就要求设计师拥有丰富的阅读体系，并培养出极强的人文视野。

　　由于设计工作十分繁忙，想要完全精通美学也不现实。可以从自己的个人兴趣入手，比如著名室内设计师梁建国经常拍摄各种装饰纹样，在大自然中寻找各种形式的美。在他拍摄的照片中可以看出他的美学造诣。著名室内设计师邱德光的项目也带有浓浓的创新审美情趣，他对于当代艺术品的认知极为深刻，我们总能在他的项目里找到匹配度极高的饰品，比如保利·首铸天际样板间就大量运用了科幻电影的手法，结合声、光、电等元素，使参与者有一种置身于虚拟世界的感觉，并让其感受浩瀚宇宙的无边无际。

　　审美认知不是一朝一夕就可以完成的，新手设计师在生活中要保持着对世界的好奇心。通过多元思维模型不断创新，要总结出适合自己的思考方式，建立一套适用于自己的设计学习系统并不断更新。这样，你的设计之路才会走得更加长远。

我们与大师的距离

在人生的历程，我不着急。我不急着看见每一回的结局，我只在每一个过程，慢慢慢慢地长大。那是因为我深深地相信，生命的一切成长，都需要时间。

——林清玄

从进入大学校园的那一刻，又或者初入职场，都曾有这样的憧憬：有一天在自己的行业里，站到最高的那个位置，享受人生的高光时刻。虽然无数道理告诉你我，人生终将平庸才是常态。但我还是想聊聊"大师们"的成长之路。

大师的本质是做更优秀的自己

在这个自媒体泛滥的时代里，有太多教你如何成为"大师"的文章、视频，可是如何将这些"鸡汤"量化成实际应用，很少有人能说清楚。

那么作为普通人，有机会成为行业的"大师"吗？我们先来思考另一个问题：室内设计行业存在大师吗？

从目前的阶段来看，其实设计行业的很多称号多是对优秀者的褒奖，而是否可以成为真正的设计大师，目前是难以看清楚的，需要时间去验证。百年后，谁的作品还在，谁的思想还在被世人称道？到那个时候，才能评价谁是真正意义上的大师。

说到这里，你可能会感到沮丧。那么，优秀的人之所以能成为"大师"是机遇，还是天赋？我觉得都不是，大师的本质就是做更优秀的自己。

电影《一代宗师》宫二的父亲曾说习武之人有三个阶段：见自己、见天地、见众生。当时还在上大学的我只觉得这句话说得真玄，并不理解其中的意思。在经历了几年设计行业的历练，打磨掉几分少年锐气后，才逐渐感受到这一句话的深意。

所谓的见自己，其本质上就是要不断地超越和战胜自我，人生最厉害的对手就是自己。这个对手可能是你的技能天花板，也或者是你的认知障碍。我们的认知局限了自己对外界的看法，那些已经存在的设计观念会限制思维的发展。过了这一关，你就可以超越很多人了。

见天地，你可以理解为除了个人专业上的优秀，还要有经典的作品为世人所熟知，比如建筑"女魔头"扎哈留下的各种建筑在业内被广为传颂。欧洲绘画极具艺术性的文艺复兴"美术三杰"都留下了无数的优秀作品，在如今的时代还被人模仿研究。

见众生，却是大部分人一生无法攀登的高峰。专业领域的出类拔萃是一个硬性条件，除了作品传世这个基础条件外，还一定要有对后世影响极深的思想体系，比如现代主义大师柯布西耶的现代建筑五要素。

在这个维度，比的不是技术而是观念。

在设计行业里浸染得越久，你就会越发觉得，我们自己都还没有战胜自己，又如何才能成为大师呢？所以，想要往优秀的方向努力，先要做到超越自己。

优秀设计师的成长路径

工作中经常和行业里的优秀设计师交流，他们都有一个共同点，就是有极强的学习和创新能力。很多人在一开始并不知道未来的路该如何走，只是选对了发展的节点，凭着一股韧劲，不断地努力，才有了现在的成就。

著名室内设计师梁志天先生，1957 年出生在中国香港的一个中产阶级家庭，因为从小就受到建筑师亲人的影响，对设计产生了浓厚的兴趣。

他在完成香港大学课程后，先后在设计公司、政府部门及房地产公司工作，逐渐厘清了建筑设计行业的工作流程，在 20 世纪 80 年代末他在香港成立了一家设计公司，在 1997 年完成了他的第一个样板间项目。由于当时欧式风格极其盛行，这种现代风格的设计推出后很受欢迎。之后，随着房地产行业的发展，样板间成了一种重要的销售展示工具，梁先生也将公司开到了内地，伴随行业的快速发展，他的公司成了国内首屈一指的室内设计公司。

梁先生的职业生涯有两个重要的阶段，一是在室内设计行业的多年耕耘，这个阶段就是在不断地做好准备。二是在发展阶段的求新求变。他的人生不断拨开云雾，从最初的模糊走向了终极版图，并且越发的清晰。

或许有人会质疑他的环境好、机会好，但是，我相信如果前期没有扎实基础，后期也不会迎来最终的高光时刻。每个人的成长并不是突发事件，而是长期积累的结果。

做更优秀的自己，属于每个人的"大师"之路

也许有人会说，优秀者都拥有优秀的家庭背景，或是家境殷实才能让他们走得更快。建筑大师王澍先生并没有任何建筑世家背景，他凭着自己的努力和钻研最终获得了普利兹克建筑奖，成为获得该奖项的第一位中国本土建筑师。翻看他的发展路径可以看到，王老师是一个从小就特别爱读书钻研的人，很多知识在学生时代就对他产生了潜移默化的熏陶，这也帮助他在进入建筑领域后不断创新，形成独树一帜的理念设计。

作为一个新人，你读过多少本专业书籍，看过多少专业视频，听过多少专业课程？你的读图量每天达到多少？你去过多少项目的现场？实际调研过多少经典？是否有将所学内化到自己的设计作品中？

说到底，大师们的学术积累都是从量变到质变。他们从来不吝啬自己的学习时间，不计较短期的得失，并在工作中不断去思考新的方法。长期的积累，让他们在自己的领域成为不可替代的一员。

你可以是办公空间设计的"一枝独秀"，也可以是住宅室内设计里的"小王子"，又或者是户型改造"达人"。这些专业定位让你变得更有价值，并换来更多的拥护者，通过各种方式的修正，作品也越来越独特。

成为大师的道路，本质上就是不断提高自己的专业认知的过程，站在更

高的维度俯瞰现有的阶段，你会豁然开朗。每个人都要有一张属于自己的职业发展地图，看清楚自己的位置，为了目标坚持向前，这才是属于你我的"大师之路"。

做一个终身成长的设计师

满地都是六便士，他却抬头看见了月亮。

——毛姆

很多人少年时会立下种种誓言，要忠于一份职业，要求知若渴……不过，多数人终敌不过岁月，只有少数人最终走向了自我的心路，忠于真实的自己。只有心智成长，才可以看得更远，才能不断地引领他人，也就意味着"终身成长"将是你职业生涯中的持续话题。

人生都有不同的总结和解读。世间没有那么多的正确答案，只是大家看待事物的角度不同罢了。所谓的标准，也只是一种既成体系的思维习惯。不过，让自己更强大是众人心中所愿，由想象变为现实是每个人都要走的路。

做好职业生涯规划

设计师一定要做好三年短期规划，五年中期规划，十年长期规划。雷军说："人做事要朝前看五年，就可能超越他人。"规划就是给职业生涯树立一面旗帜。

最初的三年是打基础的最好时期，一定要学习如何在行业里快速地生存下去。从设计实践到理论应用，这个阶段的你可能是从助理开始，也可能是从最初的绘图员开始。这一阶段最重要的就是将你的所学完全付诸实践，并且进行验证，要多去项目现场学习，施工工艺、人机工程学、设备衔接都是这一阶段很重要的学习内容。尽可能地提高沟通技巧、审美能力，大量地读图，熟读各类经典专业理论书籍等，并做到将这些知识有效地输出。

第二个阶段，第四年到第六年的时期，如果前期的知识掌握到位，实践能力以及项目落地有了初期积累，这一阶段务必要把每一个项目做得扎实。同时要不断提高审美，找到适合自己的正确的设计方法。如果你依然存在困惑，就要多向行业前辈取经，参考一下他们的职业发展路径。这个阶段，你应该已经能找到属于自己的设计赛道，比如：适合商业空间设计，还是住宅空间设计？

后四年应该具备一定的专业见解，这一阶段你的收入也进入了稳定期，设计费的收取会逐年提高。同时，要建立属于自己的设计团队，这样你可以抽身出来做更多有意义的项目，要开始有意识地去重视、去追求部分精品项目。还要不断关注新的设计风向，警惕思维固化，同时维护好自己的老客户群体，这将是你未来最好的资源。

随着未来房地产行业的发展，行业逐渐分级，未来的趋势越来越难以判断，但行业门槛越来越高是不争的事实。结合自己目前所在的位置，做好属于自己的规划，才能在未来发展出一片广阔的天地。

善于学习才能成长

成年人和孩子的学习本质不同。基础教育没有功利性目标，讲的是素质教育，而成年人则要功利性学习，有目的地解决问题。很多朋友经常处在一种假学习的状态。比如只是单纯地听听书，看几本历史，带来的不过是茶余饭后的信息与话题，很多并不能解决问题。工作中的学习，应该带有明确的目的性。

室内设计师应该学习、思考如何让自己的工地快速运转，如何同时让多个项目并进，如何提升和项目经理间的沟通效率，如何通过作品让更多的人来认识自己等。

而现在很多的大师班仅是带着学员去一趟意大利，看几场国外的艺术展，学一堆设计思维，并没有解决学员的现实问题，结果都是一堆"屠龙之术"。

室内设计是一门要不断练习的学科，通过定量的时间学习理论知识，用大量的工夫进行实践才是正确的方法。设计师一定要摸索出一套属于自己的设计架构。所谓的架构，就是每一次工作的框架。比如现代设计很多问题到最后都逃不出包豪斯最初建立的经典体系。深入地研究经典，做好记录，并且固定输出运用到项目中，定期对每个项目进行复盘，几年下来，一定会有长足的进步。

一个优秀的设计师要善于整合资源、优化配置，利用各种方法提升项目品质，为自己和甲方同时创造更多的收益。就住宅来说，可以提升个人生活品质；就商业空间来说，可以实现其经济效益。这也是设计大师能收取高额设计费的原因。

人生是一场无限游戏

孩童时会因为别人抢了自己的玩具而动手，少年时会因为心爱的人被抢而愤懑不已，青年时会因一个项目被别人撬走而大动肝火……似乎每一段成长总是伴随着点滴遗憾。

在从事设计工作的十年间，生活中的起伏也无时无刻不伴我左右。成长的意义也不仅仅局限于收入、视野，还在于心智的成长。中学的时候，最爱看《百家讲坛》，饭后打开电视，当时看的是讲《庄子》。大家认为庄子一生逍遥自在，虽出世但是心里似乎有一颗入世的心。所谓外化而内不化，就是外表要顺应当下的潮流，但是内心要有所坚持。要想活得通透，既要适应环境，又要超脱于环境。

适应环境，就是适应人生的有限游戏，也是最佳生存之道。有限游戏的目的在于赢，有明确的开始与结束。而无限游戏则没有开始，没有结束，没有限制，会一直延续。室内设计师所在的每一个公司，都是一场有限游戏，一时的得失终将成为过眼云烟。职业生涯才是你的无限游戏，那些留存于世的项目、文字、思想才是你的终极目标。

无限游戏的意义不在于胜负，而在于让游戏延续，让自己的视野变得更加开阔。虽然不是每一个人都可以把自己的所有作品流传于世，但这个寻找的过程本身就是成长的意义所在。

庄子说的"吾生也有涯，而知也无涯"是指生命有限，知识无限。人生总会不自觉地思考如何在这个有限游戏里拔得头筹，不曾想能把职业感悟和一点拙思汇集成册。知识无形，生命有形，有形因缘际会终将无形，而思想长存。希望这本小书能给无限世界点一束微光，给你带去一分温柔的指引。

后记

多年的设计生涯，总是奔忙在工作中，没有自主的时间。由于时时刻刻都在面临各种问题，要平衡客户、公司、自己的利益，心中也难免会有纠结。这么多年断断续续写了很多相关的文章，也希望能给自己和他人几分职业启示，少走弯路。冯唐老师说写书一是渡己，二是渡人。有一些观点，也是自己的感悟总结。无论是技术还是思想理论层面都可能存在不同观点，并没有唯一标准答案。因为所处的环境、现实条件各有不同，每一位同仁还是要总结出适合自己的方法。个人的提高是一个长期的过程，不能急于求成。知识转化为实用经验，并不是一本书就能解决的，需要靠大量的实践积累，用正确的方法，让量变成为质变。

诚然，进步是每一个人都希望得到的结果，但这一切并不是随随便便就可以发生的。当今社会的各种帮你成长的学习视频、图书有很多，每个人还是要有自己的分辨能力。别人分享的经验拿过来未必适合你，也希望你不要听了别人和本书的观点就完全放弃自己的思考。

早几年，阅读的目的是希望能找出一本较为全面的解决问题的书，后来才发现并没有某一种知识能给你"完美"的解决方案。我从很多和设计无关的书籍中得到了很多专业之外的新知，这是我个人意外所得。也希望后期再有机缘，能写出符合国情且更有深度的室内设计书籍，欢迎读者朋友批评指正。

室内设计工作本就是实现别人的梦想，客观看待自我意识，才能在工作中过得更轻松。如果我们不理解业主的真正需求，最终会陷入自我的对话而忽略他们的感受。工作十年，要感谢那些愿意把未来托付给我的业主，是他们的认可，才让我的作品闪闪发光。遇到善解人意的甲方是每个设计师的心愿，项目的结束也是一趟旅程的结束。这套房子未必是甲方的人生归宿，却一定承载着设计师一段重要的工作时光。由于全身心地投入，让他人收获幸福、获得内心的充盈感，是设计工作最有价值的地方之一。

希望这本写给新手设计师的书能让你有所收获。

邵许